シンメトリーとモンスター

シンメトリーとモンスター

数学の美を求めて

Symmetry and the Monster

One of the Greatest Quests of Mathematics

マーク・ロナン
宮本雅彦・宮本恭子 訳

808017424794512875886459904961710757005754368000000000

岩波書店

SYMMETRY AND THE MONSTER:
One of the Greatest Quests of Mathematics

by Mark Ronan

First published 2006 by Oxford University Press, Oxford.

This Japanese edition published 2006
by Iwanami Shoten, Publishers, Tokyo
by arrangement with
Oxford University Press, Oxford.

序　文

最近、数学に関するいろいろな書籍が出版され、興味をそそる話題が紹介されている。この本も「対称性の研究」という数学の宝石を紹介するものである。だが、理論そのものというよりも、対称性の集まりを構成する基本要素を発見し分類する、という数学の大いなる探究と、それを行った数学者の営みを紹介しようと思っている。専門的でない方法でこの偉大な数学の探究を説明できるわけがないと言った数学者もいたが、多くの方から応援をいただき感謝している。とくに原稿に目を通してくれた数学者ジョン・アルペリン、ジョン・コンウェイ、ブレンド・フィッシャー、ビル・カントールおよびリチャード・ワイスに謝辞を述べたい。また、出版を信じてくれた息子と娘に感謝する。そして最後に、非常に有用な批評をしてくれた編集者のラーサー・メノンに感謝したい。

マーク・ロナン

二〇〇六年二月

もくじ

装丁＝森　裕昌

プロローグ

我々は多くを知らない。知らないことの方が膨大である。

ピエール・シモン・ラプラス　これは彼の最後の言葉と言われている（一七四九～一八二七）

一九七八年一一月、イギリスの数学者ジョン・マッカイはモントリオールの自宅で、ある研究論文を読んでいた。彼の研究分野は群論《ぐんろん》と呼ばれる数学の一分野で、対称性の集まり[1]の持つ性質を研究するのが目的である。この分野では、最近になって次元をたくさん持つ空間（高次元空間）を使って、いくつかの例外的な対称性の集まりの基本、構成因子（単純群[2]）が発見されていた。しかし、この時、マッカイは群論ではなく、整数の性質を研究する整数論という分野の論文を読んでいた。「関係ないだろうな」と彼は自分の疑念を打ち消すように言った。

例外的な単純群の中で最大のものは「モンスター（怪物）群」と呼ばれていた。それはまだ実際に出現していなかったが、もし存在するなら、おそらく196883次元の空間に棲んでいるだろうということが研究からわかっていた。そして今、マッカイが読んでいる整数論の論文の中に、ある関数に関連して、たった一つ違いの196884という数が出てくるのである。マッカイはこの数字の近似に驚いていたが、モンスターとは関係があるようには思えなかった。実際、この二つは、まったく異なる数学の分野から出てきていた。しかし、マッカイはこのことを誰かに伝えるべきだろうと考え、群論の偉大な指導者であるジョン・トンプソンに手紙を書いた。

相手がトンプソンでなかったら、考えすぎの一言で片づけられていたかもしれない。しかしトンプソンは違った。彼は冷静に思考する人物で、その内容を真剣に受けとめ、196883次元よりもはるかに大きな次元でモンスターが棲んでいる可能性のある数と、マッカイが読んでいた整数論における奇跡的な対象の中に出現している数字とを比較してみた。すると、さらなる一致が見つかったのである。

一二月になって、より詳細な研究が必要と判断したトンプソンは、マッカイからの手紙を受け取った時に滞在していたプリンストン高等研究所からケンブリッジ大学に戻り、これまで単純群をいくつか発見していたジョン・コンウェイにこの事実を伝えたのである。コンウェイはモンスター群に関するデータをいろいろ集めていたので、それらを使って意味のありそうな数列をいくつか作り出し、図書館に行って一九世紀の整数論の論文の中に自分が作ったものと同じ数列が出ているのを確認した。コンウェイとサイモン・ノートンという若い数学者は、これらの事実を使ってさらなる計算を行い、理由はまったくわからないが、モンスター群と整数論の間に間違いなく関係があると確信した。

コンウェイはこれらの現象を「ムーンシャイン」と呼んだ。それは、踊っているアイルランドの小妖精に降り注ぐ不可解な月明かりという情景を表し、論理的な理由がわからない意味のはっきりしないものという趣旨を込めていた。同時に、このムーンシャインという言葉は、禁酒法時代の代表的な密造酒の名前でもあり、あたかも、この研究が正当ではないかもしれないという疑念も込めている。しかし、このムーンシャインという用語はすぐに人気を得た。私が最初にそれを聞いた時、月のように反射して光っているものというふうに理解した。そこには、発見され注目を浴びることになる多くのものが根元に眠っており、それを見つけ出すことが数学の大きな楽しみの一つとなる。数学では、対象を深く研究すればするほど、発見するものが増えれば増えるほど、知りたいと思うものが増えてくるものなのである。

数学において、すべてがわかることは決してない。常により深いレベルの発見があり、さらなる驚きが待っている。最も偉大な数学者の一人であるカール・フリードリッヒ・ガウスは、数学を「科学の女王」と呼んだ。それは創造力を刺激し、個人の力を超えた探究へと数学者を駆り立てている。

この本において描かれる探究も、モンスターとムーンシャインに向かいながら、対称性の集まりを構成する基本構成要素(単純群)を発見する物語であり、一緒に探究について行くことで、対称性について学び、数学者が深い問題を解決するためにどのようなことをしてきたかを見ていきたいと思う。

はじめに、博学の人ゲーテの言葉を引用しよう。

対称性という言葉によって、人々は全体を構成する美しいパーツ同士の外見的な関係を思い浮かべるだろう。ほとんどの場合、その言葉は中心の周りに規則的に並んでいるパーツに対して使われている。しかし、我々はこれらのパーツを一つずつ観察し、同じ形のものに対してだけでなく、「上昇と下降」や「強さと弱さ」の中にも、そして「平凡と非凡」の中にも対称性の美しさを見いだす。

モンスターに至る研究は長い道のりである。だが、簡単な言葉でそれを要約することができる。対称性の基本構成要素のほとんどは、いくつかの無限系列に属している。これらの無限系列全体は、基本構成要素の大半を占めているが、例外が二六個ある。その中で最大のものがモンスター群である。

この本では、一八三〇年のフランスから出発して、第二次世界大戦後の三〇年間における単純群の発見と分類の歴史を紹介し、発見した単純群のリストが完全であることを証明した最近の話題に触れる。そして、モンスター群が持つ、数学の他の分野や物理との潜在的な関係を明らかにすることで、未来へと我々を誘う。数学者とは、予測できない関係で実社会と触れ合う抽象的な世界の探検者である。二〇年以上前(一九八三年秋)にモンスターが初めて姿を見せた時に、プリンストン大学の物理学者フリーマン・ダイソンが次のようなことを書いている。「私は小さな夢を持っている。なんの事実も証拠もあるわけではないが、『二一世紀のある日、物理学者が、宇宙の構造の中に思いもよらない方法で組み込まれているモンスター単純群に遭遇するだろう』と。」この言葉はモンスター群がどれほど大きな驚きを持って迎えられたかを示している。

二〇年後の一九九八年、ケンブリッジ大学(現在カリフォルニア大学バークレー校)のリチャード・ボーチャーズがムーンシャインに関する研究によってフィールズ賞を受賞した。フィールズ賞はノーベル賞の数学版であり、ノーベル賞よりも受賞するのが難しい。しかも、四〇歳未満の人々に対してのみ授与される賞である。ボーチャーズは、コンウェイとノートンが予想したムーンシャインの関係がすべて、物理の弦(ひも)理論[3]に関する新しい研究と調和していることを示した。

モンスター群が数学の他の部分と関係している事実は、非常に深いものが内在していることを示している。完全に理解することは誰にもできないが、素粒子との関連はことさら期待を抱かせる。モンスター群はムーンシャイン予想を通して、数学者および数理物理学者が出会って議論する研究集会を生み出したが、我々はまず古代ギリシア人の仕事から出発して対称性の集まりについての勉強から始めよう。

（1）（訳注）対称性の集まりというのは、数学的に考えた場合、ある形を保つような動かし方（対称変換）の集まりであり、この集まりを群《ぐん》と呼ぶ。

（2）（訳注）単純というのは易しいという意味ではなく、これ以上分解できないという意味で使う。単純群とはこれ以上分解できない対称性の集まりという意味である。

（3）（訳注）素粒子はひものような状態であると考える最新理論。

1 テアイテトスの正二〇面体

数学では、事象を理解するわけではない。単に慣れるだけである。
ジョン・フォン・ノイマン（一九〇三〜五七）

紀元前三九六年、テアイテトスという名のアテネの哲学者がコリントの戦いで負傷し、自宅に運ばれた。そして、赤痢に感染してアテネで死亡している。彼の書いたものは何一つ残っていないが、後世に書かれた解説によって彼の業績を知り、プラトンによる記述から彼の人柄について知ることができる。プラトンはテアイテトスとの二つの対話を記録に残している。そのうちの一つは、テアイテトスがまだ若者だった紀元前三九九年のことで、こんな若者についてプラトンが記録するというのは明らかに例外的なことである。テアイテトスの数学的な業績の中には、3次元における対称性を示す五つの正多面体（プラトンの立体）の分類がある。次の図を見ていただきたい（図1）。

紀元前五〇〇年頃、ピタゴラスによって創設された神秘主義教団であるピタゴラス学派は正四面体（テトラヘドロン）、正六面体（ヘクサヘドロン）および正一二面体（ドデカヘドロン）のことを知っていた。正六面体は立方体とも呼ばれる。正八面体（オクタヘドロン）と正二〇面体（イコサヘドロン）はテアイテ

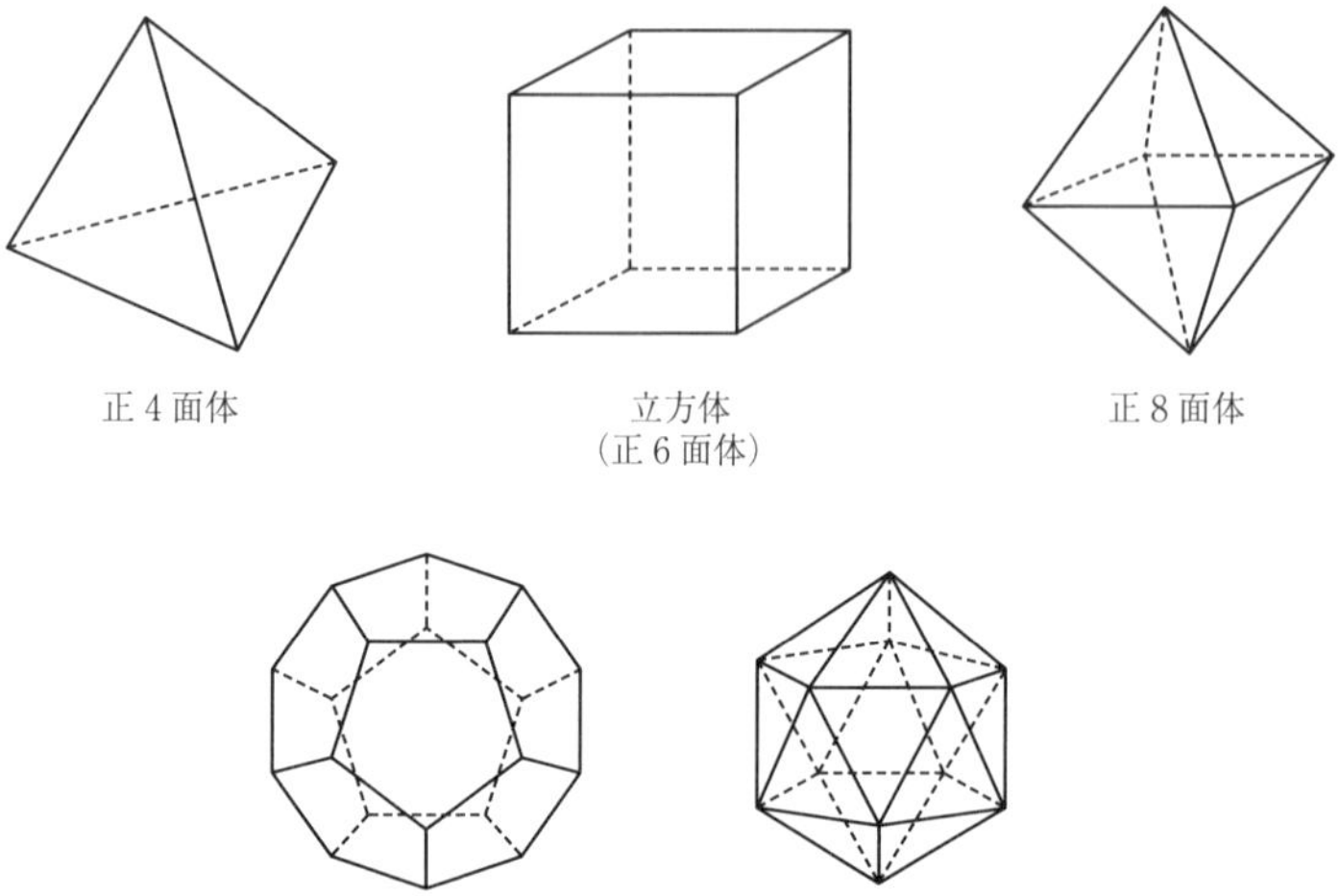

正 4 面体　立方体（正 6 面体）　正 8 面体

正 12 面体　正 20 面体

図 1

トスが発見したものである。英語名はギリシア語からきたもので面の個数を表している。テトラは四を意味し、ヘクサは六、オクタは八、ドデカは一二、イコサは二〇である。

これらの理想的なプラトンの立体が本当に存在することを示すには、モデルを作るだけでは不十分である。なぜなら、我々が作るものは完全な正多面体ではないからである。テアイテトスが考えた問題は、多面体の面が正三角形、正方形、そして正五角形であるようなものが理論的に構成できるか、ということである。当然すべての角度は等しく、すべての辺は同じ長さを持っている。これは対称性に関する質問であり、たとえば、完全な対称性を持つ二〇面体があるのか、ということになる。しかし、その存在は自明なことではない。後でより複雑な対称のモデルの話に触れるので、その時にこの問題を再度考えることにしよう。このように部分構造がいろいろとわかっており、それらが合わさって、より複雑な対象を形成しているように見えても、その存在を証明するのは非常に困難なことがある。モンスター群はその良い例となるであろう。

巨大な個数の対称性を持つ対象を見つけるというのが、この本の後半のテーマの一つである。プラトンの立体はこのテーマを扱う上で心に留めておくのによい典型例であり、それらの対称性は数学的に記述することができる。どう記述するかを簡単に説明しておこう。まず、「鏡面対称」という用語を用意する。これは、一つの鏡を考え、鏡に映るように、鏡の前にあるすべてのものを、鏡の後ろにあるものと置き換える操作である。[1] 一つの平面を無限に広がる鏡と考え、その平面で空間を二つに分ける。そして、アリスが鏡の中の自分と置き換わったように(『鏡の国のアリス』)、平面で分割された片方の空間と残りの空間の点をすべて置き換える。これが通常、数学者が「鏡映」とか、「鏡面対称」とか呼んでいる操作(または変換)であり、空間の中のある図形がこの操作を行っても形を変えない時、「その図形は鏡面対称性を持つ」という言い方をする。この操作では、平面(鏡)上の点は動いていないが、それ以外の各点は反対側の点と置き換わっている。数学では対称性よりは、この形を変化させない操作(変換)に注目し、それを「対称変換」とか「対称」と呼ぶ。

例として、立方体を考えてみよう(図2)。立方体の中心を通る平面(鏡)で、立方体の角が、平面(鏡)の前方(または後方)にあれば、平面を挟んだちょうど反対側にも立方体の別の角がくるように配置されたものを考える。ここで鏡面対称を行ってみる、すなわち、平面で切断された片方を反対側と置き換えてみるのである。この時、立方体は以前と同じ配置の形をしている。すなわち、立方体はこの平面に関して鏡面対称性を持つことがわかる。立方体は二種類の鏡面対称性を持っている。一つは、鏡を立方体の中心を通り、向かい合っている二つの面と平行に配置したものであり(三個の鏡面対称性がある)、もう一つは、向かい合っている二つの面を通りそれらを対角に切っているもの(六個の鏡面対称性がある)である。

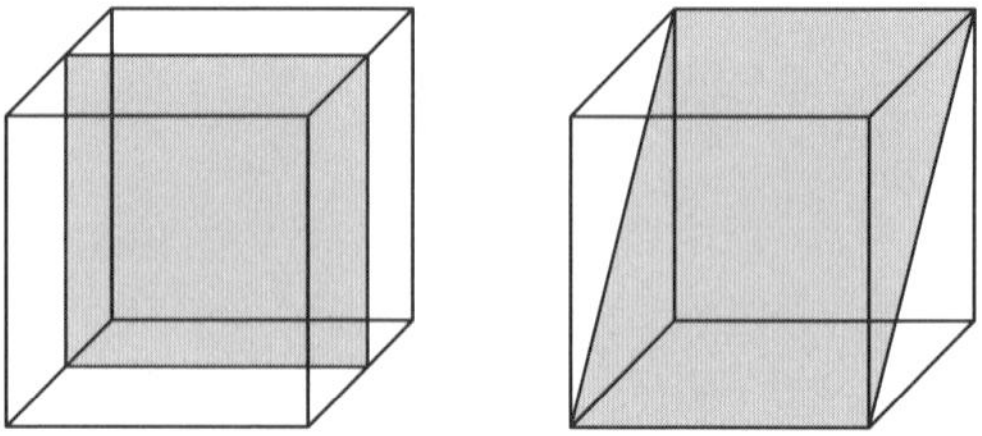

図2

この二種類だけが立方体の対称性ではない。回転することで得られる対称性もある。たとえば、向かい合った二つの面の両方の中心を通る直線を軸として立方体を90度回転させても、180度回転させても立方体の配置は変わらない。あるいは、向かい合った二つの頂点を通る直線を軸として120度回転させたり、向かい合った辺の中心を通る軸で180度回転させてみても立方体の配置は変わらない。それゆえ、これらの操作も対称変換であり、このような回転による対称変換を「回転対称」と呼ぶ。さらに、鏡面対称と回転対称の中から適当に二つとり、先に一つを行い、その後で別のものを行うということをしても対称変換である。立方体は多くの対称性を持っている。どのくらいあるのだろうか?

正確には四八個である。[2] それらの対称変換は全体で「立方体の対称の群」と呼ばれるものを形成している。そのうち回転対称は二四個あり、[3] それらは「部分群」[4]と呼ばれるものを作り出す。この部分群を「立方体の回転群」と呼んでいる。「群」という言葉は数学の専門用語で、この本の中心的な考え方である。詳しい説明は後で述べるが、対称(変換)の集まりで、自然に期待されるいくつかの条件を満たすものである。

一九世紀に、数学者は対称の群をより単純な群へと分解する方法を見つけた。これ以上分解することができないものを、単純群と呼ぶ[5]。すべての単純群を発見し、分類し、構築するという探究が、非常に奇妙な例外の群、すなわち、巨大なモンスター単純群へと導いたのである。もしモンスター単純群について何かしら理解したいと思うなら、簡単な状況の検証から始めなければならない。もう少しプラトンの立体について考察していこう。

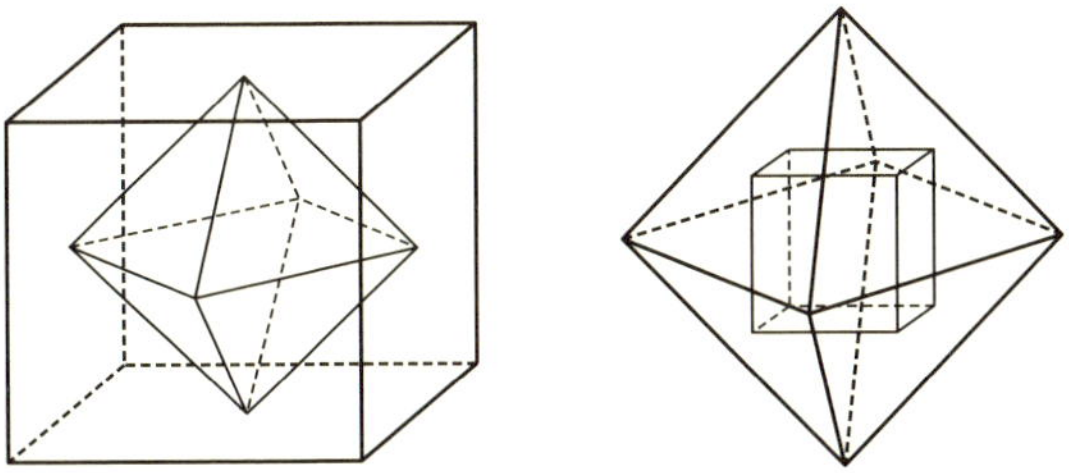

図3

立方体と正八面体を一緒に考えてみる。この二つは互いに深く関係している。立方体は六つの面を持ち、正八面体には六つの頂点がある。また、立方体には八つの頂点があり、正八面体は八つの面をもっている。そして、両方とも一二個の辺を持っている。片方の頂点の数ともう一方の面の数が一致しているが、単なる数の一致以上のものが隠されている。図3に示すように、一方を他方に内接させることができるのである。立方体の各面の中心に頂点を置き、面が隣接している時、その面の中心にある頂点をつなぐと正八面体が構成できる。また、正八面体に対しても同じことをすれば、立方体が得られる。このような関係にある時、立方体と正八面体が「互いに双対の関係にある」と呼ばれる。

立方体と正八面体の間のこの双対性は、片方の対称変換がもう一方の対称変換であることを意味し、それゆえ、この二つは同じ対称の群を持っていることになる。二つは立体としては違うが、抽象的に対称性だけを考えるなら区別はない。この抽象的に考えるということが、数学の強力なツールである。複雑な状況の中で、ある性質のみに注目し他の側面を無視することで、重要な結果を追求することができることが多い。当然、他の側面も重要な応用を持っているかもしれないが、その場合には、後でそれを取り入れれば良い。

立方体と正八面体との関係と同様の方法で、正一二面体と正二〇面体も互いに双対の関係にある。正一二面体には一二個の面と二〇個の頂点があり、正二〇面体は一二個の頂点と二〇個の面を持つ。もし、正一二面体の各面の中央に頂点を置き、隣接している面から作られた頂点同士を辺で結ぶと、正二〇面体ができる。この双対性により、正一二面体と正二〇面体が同じ対称の群や同じ回転の部分群を持つことがわかる。回転の群のサイズ(すなわち、その中に含まれる対称変換の個数)は60であり、軸を中心とした回転対称以外のものも含んでいる。この群を抽象的に考えると、驚くほどいろいろな形で出現してくるのである。このことについては後ほど触れることにしよう。

なお、対称を英語で言うとシンメトリーであるが、これは「共に」を意味する「シン」と「測定」を指す「メトリー」という二つのギリシア語の合成である。二つ以上のものを一緒に測定するというのは明らかに有用な考えである。また、対称性に対するゲーテの考えをプロローグで述べたが、「下降に対する上昇」、「弱さに対する強さ」、「平凡に対する非凡」という彼の考え方と似たものを、数学は持っている。ゲーテは一八三二年に亡くなった。それは若き数学者エヴァリスト・ガロアが死んだ年でもある。

ガロアはゲーテより六二歳年下で、数学の難解な問題を解くのに対称を利用し数学の新しい分野を創始した数学者であるが、彼については次の章で詳しく述べる。

（1）（訳注）ものの形を保つような置き換えを「対称または対称変換」と呼び、そのような対称（操作）を持つことを「対称性」があると言う。
（2）（訳注）前に九個の鏡面対称性があることを示した。実際には、三枚の鏡を使うなどにより、さらに一五個の鏡面対称性が得られ、それと回転対称性と合わせて四八個になる。
（3）（訳注）二四個の回転対称がある理由は、立方体は六つの面を持っており、各面を底に移すことができる。次にこの底面は四つの異なる位置に回転させることができる。ゆえに、合計 6×4＝24 個の回転がある。
（4）（訳注）名前から判断できるように、群の一部分がやはり群となっているときに部分群と呼ぶ。
（5）（訳注）著者は対称原子と呼んでいるが、数学の名前である「単純群」と訳すことにした。

2 ガロア──天才の死

学生がぼろを着て素足で、教官に対する尊敬の念も持たずに学習に来るのは重要なことである。彼らは、知られているものを崇拝するためではなく、問いを発するために来ているのだから。
ジェイコブ・ブロノフスキー『人間の進歩』

一八三二年五月二九日の夕方、パリの一角で若いフランス人数学者エヴァリスト・ガロアは、これが最後になると知りながら手紙を書きあげた。その手紙は次の文で終わっていた。

ヤコビまたはガウスが、これらの定理の真偽に関することではなく、重要性に関する見解を与えてくれるように、(1)公に要求してください。
後にこの乱文が整理され理解されることで、人々に利益がもたらされることを希望します。
深い友情を持って
一八三二年五月二九日、エヴァリスト・ガロア当時、傑出した数学者であったカール・グスタブ・ヤコブ・ヤコビ(一八〇四~五一)も歴史上偉大な数学者の一人であるカール・フリードリッヒ・ガウス(一七七七~一八五五)もガロアの手紙を見たという記録はない。

一八三二年五月三〇日(水曜)、太陽が昇ると、ガロアは腹部を撃たれ致命傷を負って道端に倒れていた。通りすがりの人が彼を病院へ運んでくれた。そして聖職者が呼ばれたが、疑い深いガロアは全く話をしなかった。弟のアルフレッドが病床まで駆けつけて来た時、ガロアは「泣くんじゃない。勇気を振り絞って、死ぬために決闘に行ったんだ」と言った。これが彼の最後の言葉となった。

翌日、彼の死がパリのすべての新聞に掲載された。次の抜粋はリヨンの新聞からのものである。

昨日、悲惨な決闘が将来性豊かな青年から科学を奪い、彼の評判は政治に関するものだけとなった。若きエヴァリスト・ガロアは、彼と同様に非常に若く、同じ「民衆の友の会」のメンバーである旧友と決闘をし、……

片方だけに弾が込められたピストルを与えられ、至近距離から撃ち合った。

数学の歴史家は今でもなぜ彼が決闘をしたかわかっていない。ある者は、若い女性への名誉の問題で、おそらく警察によって準備された決闘だと考え、またある者は栄光を求めてガロア自身が準備したものだと考えている。いずれにしても、革命家としての彼の評判は一時的なものだったが、彼の数学は永遠のものとなった。ガロアの理論とガロア群は、今日における数学の共通通貨のようなものになっている。

わずか二〇歳にして、彼は不滅の名声を得たのである。いったいどのようにしてこのようなことをなし得たのだろうか？

エヴァリスト・ガロアは、一八一一年一〇月二五日、パリ南西の郊外にある小さな町、ブール・ラ・レーヌ(「女王の町」の意)に住む良い家柄の家庭に生まれた。当時フランスはナポレオンの絶頂期で、フランス革命後の政情不安を脱し安定していた。後にこの安定が失われ続発する事件が、ガロアの人生に深刻でかつ致命的な影響を及ぼすことになる。

しかし、彼の幼年期は幸せだった。一八二三年、ガロアは一二歳でパリの名門リセ、ルイ・ル・グラン校の寄宿学校に入学する。一五六三年に設立され、一七世紀後半に太陽王ルイ一四世(ルイ・ル・グラン)自身によって改名されたこの伝統を誇る学校は、今日でもサン・ジャック大通りにあり、最近になって初めて改装されたという古く薄暗く見える建物である。ルイ・ル・グラン校は厳格な学校で、生徒たちは五時半に起床し、ナポレオン自らがデザインした制服を静かにまとう。そして礼拝堂に集まって祈りを捧げた後、七時半まで勉強し、パンと水の朝食をすませる。ガロアは厳密な環境にうまく適応し、三年生であった一八二五～二六年には、四つの科目で非常に優秀な成績をおさめている。

一八二六年九月に、教育に関してやや狭い見識を持った保守的な神学教師が新しい校長として赴任してきた。新校長はガロアが優れた成績であるにもかかわらず、上級のクラスに飛び級することを認めなかった。ガロアの父親が強く抗議したのでいったんは上のクラスへ移ることができたが、結局、校長が勝ち、元の学年に戻された。

父親と校長の対立は当時の政治問題を反映したものだった。ガロアの父親は自由主義者で、ナポレオンの忠実な支持者だった。一八一五年、エヴァリストが四歳になる少し前、ナポレオンは最後の帝位（いわゆる百日天下）に返り咲き、その時ガロアの父親は小さな町の市長になった。父親は人気者で、ナポレオン失脚後、再び君主制に戻った後でも、市長のままだった。

新しい君主のルイ一八世の王制は、自由主義者と超王党派との不安定な均衡の上に成り立っていたが、一八二四年に彼が亡くなり、弟のシャルル一〇世が後任になってからは、教会の保守層に支援された超王党派が実権を握るようになる。ルイ・ル・グランの新しい校長はこの勢力とつながっており、ガロアの父親とは政治的に反対の立場だった。

校長によって学年を戻された時のガロアのショックは大変なもので、ガロアは数学以外のすべての教科を拒絶し、一年後には他の教科に興味を示さなくなった。さらに、一五歳になると、数学以外はまったく勉強しなくなった。そして、できるだけ早く学校を出て当時最も有名な大学であった理工科学校（エコール・ポリテクニック）へ進学する決心をした。一八二八年六月、一六歳の時に両親に相談することなく入試を受けるが、一年早すぎて入学できなかった。エコール・ポリテクニックには規則があり、二回しか試験を受けることができない。そのため、翌年の夏にすべてが決まることになった。

秋になって新しい数学教師のルイ＝ポール＝エミイル・リシャールが赴任してきた。彼はすぐに非常に例外的な生徒がいることに気づき、ガロアに論文を書いて数学年報に投稿するように勧めた。この論文は一八二九年四月に発表されることになる。無名な若者の論文が発表されるのは異例のことであった。

ガロアが素晴らしい能力を持っていることを知っていたリシャールは、何とか通常の入試を受けずにエコール・ポリテクニックに進学させようと考えたができなかった。しかし、最新の研究に注意を払っていたリシャールはガロアに数学の新しい方向を紹介した。そしてガロアを助けて二つの論文を書かせ、普通の投稿手順を避けて、科学学士院に投稿させた。リシャールは、その原稿を科学学士院のメンバーだったコーシーに直接渡した。コーシーは一流の数学者だが、自分の結果しかほとんど評価しない人物だった。そのコーシーが、五月二五日と六月一日の科学学士院の会議でガロアの論文を公開したのだが、これは実に稀なことである。学士院のメンバーは、コーシーがこれらの論文をさらに査読するために、自宅に持ち帰ることを許したが、コーシーはその論文を読むことをせず、そのままにしてしまった。

代数方程式の解法に関するガロアの考え方を、例を使って説明しよう。$x^2-x-2=0$ を考えてみる。x の最も高いベキが x^3 ならば、3次方程式と呼び、x^4 なら4次方程式になる。この式に出てくる x のベキ $1=x^0, x, x^2, \dots$ の次数の最大数が2なので2次方程式と呼ばれる。

問題はこの方程式を満たす x の値を見つけることである。高校で学ぶように、2次方程式についての一般的な解法は知られている(次ページ囲み参照)。

2次とは、平方とか、2乗を意味する。2次方程式の歴史は非常に古く、約四〇〇〇年前の紀元前一八〇〇年頃に、バビロニア人によって発見された。彼らはそれを記号ではなく言葉で記述していたが、粘土タブレットに書かれた古代のテキストに2次方程式の解法が非常に明瞭かつ簡潔に書かれている。

図4 クラスメートによって描かれた15歳のエヴァリスト・ガロア

2次方程式の一般解法

次数2のどんな方程式も $ax^2+bx+c=0\,(a\neq 0)$ の形に書くことができる．その式の二つの解は公式

$$x=\frac{-b\pm\sqrt{b^2-4ac}}{2a}$$

で与えられる．記号 ± は「プラスまたはマイナス」を表し，√ は「平方根」を表す．たとえば，テキストの方程式 $x^2-x-2=0$ は $a=1$, $b=-1$, $c=-2$ となり，公式は $x=\frac{1\pm\sqrt{1+8}}{2}$ を与える．整理すると，$\frac{1\pm 3}{2}$ となり，$x=2$ と $x=-1$ の2つの解を与えることになる．

バビロニア人は、ある特別な3次方程式（x^3が最高次の式）の解を求める方法も知っていたが、すべての3次方程式の解を求める一般的な方法は、ほぼ三〇〇〇年後の、ペルシアの有名な数学者で天文学者でもあったウマル・ハイヤーム（一〇四八〜一一三一）が幾何学的方法を発明するまで待たなければならなかった。

ハイヤームは、四行詩集『ルバイヤート』でよく知られているが、優れた数学者でもあり、曲線と直線に挟まれた線分の長さとして、3次方程式の解法を見つけた。しかし、ウマル・ハイヤームは、数式としての解法を見つけることができなかったことを悔やんでいた。この数式による解法は、さらに四〇〇年後の、ルネサンス期のイタリアで発見されることになる。ちょうどその頃、現代の印刷技術が導入され、新しい考え方が急速に普及していった。一四七二年から一五〇〇年までの間に、数学に関する二〇〇種類以上の新しい本が出版された。当時の人口や文字を読めない人々の比率を考えると、これは大変な数である。それが、数学に突然のような高揚を引き起こした。そして一六世紀初頭にはデル・フェロ、タルタリア、カルダノ、フェラーリの四人の数学者が方程式の解法探究によって代数を新時代へと発展させた。

ボローニャ大学の数学教授であったシピオーネ・デル・フェロ（一四六五？～一五二六）が3次方程式を解決した最初の人物である。彼は解法を公表しなかったが、一五二六年の死ぬ直前に弟子の一人にそれを伝えた。この弟子は、他の数学者に挑戦し、敗者が一定期間、勝者の夕食代を支払うという公開数学大会に参加することで、人目を避けるようにして生活していた。大会で出題される問題の多くが3次方程式に関係していたので、その弟子は勝ち続けることができた。しかし、彼は一五三五年にタルタリア（一五〇六？～五九）に挑戦するという過ちを犯してしまった。タルタリアという名は「どもる人」を意味するニックネームで、本名はニッコロ・フォンタナである。タルタリアは調査を行い、デル・フェロが弟子に3次方程式の解法を授けたことを知って、自分で解法を見つける努力をした。そしてたった二日で解法を見つけて大会で勝利するが、三〇日間の夕食代は辞退した。彼は自分より劣った数学者から無料の食物を受けることは彼の威信にかかわり、3次方程式の解法のレシピの方が十分価値ある報酬であることを知っていたのだ！

数学において、古い問題を解決したり、何か新しいものを発見することは大きな喜びである。しかし、それは秘密裏に進めなければならない。なぜなら、発見したものを仔細に確認し、発表してもよいと考える段階に達するまで他の人に知られては困るからである。他の人物が考えを盗み、詳細を得て、自分の結果として公表するかもしれない。実際、タルタリアの身にこれがふりかかったのである。次数3の方程式に対する彼の解法は注目を集め、数学だけでなく、医学、占星学、天文学および哲学の研究を発表していたジロラモ・カルダノ（一五〇一～七六）の耳に届いた。カルダノはタルタリアに解の公式を尋ねるが断られてしまう。しかし、四年経ってもあきらめなかった。彼は、タルタリアから言葉巧みに公式を聞き出そうとした。

名誉を重んじる真実の人として、神聖なる福音書にかけて宣言します。解法を教えていただいても決して公開はいたしません。また、敬虔なるキリスト教徒として、すべてを暗号化し、私の死後には、誰も理解できないようにすることを誓います。

誠実で説得力のあるこの申し出にタルタリアは負け、解法を覚えるための詩をカルダノに打ち明けた。現代のような記号がなかった時代には、公式はしばしば言葉で与えられ、詩として覚えたのである。

しかし、タルタリアがユークリッド原典をイタリア語に翻訳することに忙しかった間に、カルダノと彼の弟子のロドヴィゴ・フェラーリ(一五二二〜六五)は約束を破ってしまう。カルダノは、実はデル・フェロが最初に解法を見つけたということを知り、さらにフェラーリが4次方程式の解の公式を発見したので、公表することを決心した。そして一五四五年に『大技術』という本を出版し、その中に3次方程式の解法を入れた。当然、タルタリアは激怒したが、歴史というのは不公平である。本の中でカルダノはタルタリアとデル・フェロを賞賛しているが、この解の公式は「カルダノの公式」と呼ばれるようになる。

タルタリアとの約束を破棄した理由は、デル・フェロが最初に解法を見つけていたことだった。フェラーリはカルダノが『大技術』を出版した二年後の一五四七年四月に次のように書いている。

四年前、カルダノと一緒にフィレンツェに行った時、ボローニャのハンニバル・デラ本堂で、落ち着いた感じの聡明な人物に出会った。彼は義理の父であるシピオーネ・デル・フェロが何年も前に書いた小さな本を見せてくれた。そこには、デル・フェロが発見した公式が上品に、かつ理解しやすいように書かれてあった。

しかし、この時期をふり返って見ると、デル・フェロ、タルタリア、カルダノ、フェラーリは四人とも天才数学者であり、科学史家のジョージ・サートンが自著"Six Wing"に書いたように、科学史全体の中で考えると、この四人は一つのチームを作っていたとも言えるだろう。

3次方程式と4次方程式の解の公式が発見された後、この分野の発展は止まってしまう。ベルリンのジョーゼフ・ルイ・ラグランジュ(一七三六～一八一三)が「方程式の代数的解法に関する考察」というタイトルの、非常に影響力のある論文を書くほぼ二五〇年前の出来事である。誰も5次方程式やそれ以上の次数の方程式の解法を見つけることができず、一七九九年にガウスが「多くの幾何的な考察にもかかわらず、一般的な方程式の代数的な解決にはほど遠い。それゆえ解法自体が不可能であり、矛盾に満ちていると感じてきている」と述べている。同じ年、モデナ大学の臨床医学および応用数学の教授であるポール・ルッフィーニ(一七六五～一八二二)はラグランジュの仕事に触発され、5次方程式やそれより高い次数の方程式の一般解法は存在しないという事実の証明を発表した。これは素晴らしい結果だったが、その証明は長く、二巻に分かれており、合わせて五一六ページにもなっていた。そのため読むのが非常に困難で、何人かの数学者は彼の証明を信用しなかった。誰もその証明に反論することはなかったが、論文も受け入れられることはなかった。ルッフィーニは評価されないことに狼狽し、一八一〇年に書き直してフランス科学学士院に再度投稿した。ここでも、いっこうにレフェリー[2]から返答がないので、ルッフィーニは最終的に論文をあきらめてしまう。学士院の秘書から届いた丁寧な手紙には、次のように書かれていた。

あなたの論文の証明を判定するのには、非常に多くの時間を要します。ほとんどの幾何学者が、他の人の研究に自分の時間を割くことにいかに乗り気でないかをご理解いただけると思います。熟練した博識の研究者の仕事を評価するには彼ら自身、強い動機を持たなければならないのです。

なんと可哀想なことだろう。ルッフィーニがこの大きな問題を進展させ、正しい方向に向かっていたのは間違いない。しかし、現在の数学の厳密さで見ると、彼の論文にはいくつかのギャップがあることがわかっている。この問題は一八二四年、ノルウェーの若い数学者ニールス・ヘンリック・アーベル(一八〇二〜二九)がルッフィーニの論文とは別に最終的に解決し、二年後に発表した。

アーベルの論文では、平方根、立方根、4乗根、5乗根などのベキ根だけを使っては解けない5次方程式があることを示している。当然、ある方程式はベキ根で解を求めることができる。たとえば、方程式 $x^5-2=0$ は2の5乗根をとることで解が得られる。では、どんな方程式がこのような方法で解けたり、解けなかったりするのだろうか。アーベルは、この問題の解答に迫っていたが、一八二九年、二六歳の時、結核で亡くなってしまう。そして、ここでエヴァリスト・ガロアが登場するのである。しかし、ガロアは歴史上のどの偉大な数学者よりも若く、そしてアーベルよりも若い時に死んでしまう。二〇歳の誕生日前に亡くなるのである。

ガロアは、ルッフィーニの証明と同じように、与えられた方程式の解の間にある対称の数を計算し、それを独創的な方法で応用した。しかし、一八二九年の夏、ガロアがまだ一七歳だった頃に災難が降りかかってくる。その年の初め、新しいイエズス会の司祭がガロアの故郷のブール・ラ・レーヌに赴任してきた。司祭は偏見に満ちた超王党派で、地方行政官と組んでガロアの父である市長を追放しようとした。市長は、町議会のメンバーを喜ばす機知に富んだ韻詩を書くのが好きだった。ずる賢い司祭はこれを利用し、何人かの議会メンバーをからかう卑猥な詩を書き、それを書いたのは市長だと主張したのである。この企みは成功し、ガロアの父は市長の座を追われ、家族と共にパリに逃れた。そして七月二日に自殺してしまう。

ガロアは、その月の終わりに、エコール・ポリテクニックの二回目の入試を受けることになっていた。試験は試験官たちの前での口頭試問であり冷静さが必要だった。しかしガロアはまだ一七歳であり、父親が政治的陰謀によって自殺に追い込まれ、その上、故郷ブール・ラ・レーヌで行われた埋葬式が暴動へと発展したのを見てきたばかりだった。埋葬を執行した新しい司祭は町の人々に罵倒され、石を投げつけられて頭に深手を負った。ガロアの父親は人気のあった市長で、後に町全体が大きな記念碑を建て、今日でも碑はそこに立っている。父を失ったばかりの若いガロアは試験に打ち込めなかった。しかも、試験官のうちの一人は熟練した教官で、短く挑発的な質問をしてきた。ガロアは冷静さを失い、黒板消しを投げつけたと言われている。結局、彼は試験に失敗した。二度までしか受験できないため、エコール・ポリテクニックへの道は塞がれてしまったのである。

これは彼にとって災難であった。ガロアの数学教師は、彼を助けるために尽力し、締め切りが過ぎていたにもかかわらず、現在エコール・ノルマル（師範学校）として知られている二年コースの学校へ進学手続きをしてくれた。一八三〇年の初頭、一〇年間国家に奉仕すると誓約した後、ガロアは学校に通いはじめた。そこはガロアの好みではないが、数学教師を育てるのには良い学校で、何よりガロアには他の選択肢はなかった。

それよりもガロアは、投稿した二つの論文に対する科学学士院の評価を気にしていた。しかし、選考委員の一人であったコーシーはガロアの論文を家へ持ち帰ったものの、自分の研究に夢中になって、いっこうに読もうとしなかった。しかも、その年の終わりに、コーシーは政治亡命し、論文は忘れられてしまった。だが、失われたのはそれだけではなかった。その前年の夏、科学学士院は数学グランプリという懸賞論文を募集した。ガロアは論文を書き直し、三月一日の締め切り直前に提出した。フーリエ級数で有名な尊敬すべき数学者のフーリエは、ガロアの論文を読むために自宅に持ち帰ったが、五月一六日に亡くなってしまう。そして、ガロアの論文は見つからず、誰の目にも留まることもなかったのである。

ガロアのアイデアは方程式の解の間の対称性を使うというもので、斬新で素晴らしいものだった。しかし、当時は誰もこれを完全には理解できなかった。やがて、ガロアの周囲で政治的な変化が起きはじめる。一八二九年八月、王は超超王党派からなる内閣を任命した。しかし、議会を招集することを怠ったため、一八三〇年三月に開催された議会はすぐに内閣を否認する決議を行った。これに激怒した王は議会を解散し、新たな選挙を一八三〇年七月に行ったが、この選挙でも反対派が多数を占めたため、王と大臣は議会を停止し、報道の自由を禁止する多くの布告を出した。

新しい法令が七月二六日に発令され、次の日には暴動が多発した(七月革命)。街では銃砲店が襲撃され、街にはバリケードがしかれた。しかしサン・ジャック大通りでは、ガロアやエコール・ノルマルの学生らは学校の規則に従って学校に通っており、エコール・ポリテクニックの学生が行進するのを鉄格子の付いた窓の後ろから不満げに眺めているだけだった。それが前年の不合格で受けたガロアの感情をさらに傷つけていくことになる。

それから数日にわたって、労働者や学生を主体とする共和主義者たちが通りを支配したが、まとまりを見せる気配はなく、立憲君主体制の支持者たちは代替王として、オルレアン公爵にパリに来るように依頼した。七月三一日、三色旗に包まれながら公爵は群衆に迎え入れられ、立憲王政を行うことを了承し、八月九日にはルイ・フィリップ王として即位した。

しかし、共和主義者らは無視できない力を持っており、ガロアはその中でも最も急進的な共和主義者たちの一人だった。彼は政治的活動を理由に、一二月九日に学校を追放され、奨学金も失ったので、生計を立てるために家庭教師をしなければならなかった。

一八三一年五月九日、二〇〇人の熱烈な共和主義者の宴会で、ガロアは壇上に立ち、片方の手にジャックナイフを持ち、恐ろしい身振りで、ルイ・フィリップ王への乾杯を提案した。数人の客が彼の動きに同調したが、他の客は早々に逃げ帰った。有名な作家のアレクサンドル・デュマは窓から逃げ出している。ガロアは翌日逮捕された。しかし、六月一五日の裁判では、舞台での彼の言葉は混乱でかき消され、彼の行動が誤解されただけだと主張するという巧妙な弁解を行った。目撃者たちはこの説明を支持するか、雑音で何を言っていたかわからなかったと答えたので、ガロアは無罪となり釈放された。

しかし、ガロアがもう一度捕まるのにそれほど時間はかからなかった。一八三一年七月一四日、フランス革命記念日に、彼は違法な制服を着用し、ナイフとピストルを所持していたとして逮捕される。三ヶ月の予備拘留の後、一〇月二三日に裁判が行われ、有罪を宣告され九ヶ月の懲役に処せられた。

ガロアは政治犯として、サン・ペラジー刑務所に送られた。そこには、有名な人物が多数拘束されており、その中の一人にガロアより一八歳年上のフランソワ＝ビンセント・ラスパイユがいた。ラスパイユは化学を専門とする科学者の一人で、後に薬に関する科学知識を広め雑誌を刊行した人物である。また、一八二八年の革命後の一〇年間ベルギーに追放された、政治的にも重要な人物だった。ラスパイユは刑務所からの手紙の中で、ガロアについていくつか述べている。

こんなか弱い善良な若者の額に、三年間のうちに、もう六〇年も思索したようなシワが刻まれている。学問と道徳の名のもとに、どうか彼を生かしてやってくれ！　あと二年もすれば、科学者エヴァリスト・ガロアとして名を知られるようになるだろう！　警察から見れば、こんな気性の激しい才能豊かな科学者にはいてほしくないだろうが。

ガロアの姉は頻繁に刑務所を訪ねていた。だが、ラスパイユはガロアが囚人たちに軽蔑され自殺を試みたことを書いている。この時は、他の囚人がガロアをつかみ、武器を取り上げて、自殺は失敗に終わった。その後一八三二年の春に、パリでコレラが大流行した。若い囚人や具合の悪い囚人は感染の危険を避けるために病棟に移された。三月一六日、ガロアも病棟に移った。ここで彼は主治医の娘ステファニーと出会い、恋に落ちた。彼女の方も最初のうちは好意を寄せてくれたが、彼の熱烈な愛情には応えてくれず、若いガロアは絶望のふちに立たされてしまう。学問的にも拒絶され、国家からも拒絶され、愛する父を失い、彼の怒りを満たす共和主義思想だけが彼の人生のすべてになった。彼は一八三二年四月二九日に釈放されるが、その一ヶ月後に死んでしまう。

先にも少し触れたが、ガロアが致命傷を負う決闘を行った動機については数学の歴史家らのさまざまな意見がある。ガロアの他にも同様に多くの若い天才たちが決闘という形で命を落としている。有名なロシアの詩人のミハイル・レールモントフも二六歳で決闘へ駆り立てられ、若くして亡くなっている。また、三七歳まで生きたが、有名なプーシキンも同様である。レールモントフとプーシキンの場合には強力な敵がおり、決闘は決着を付ける方法だった。しかし、ガロアの場合には、その点がはっきりしていない。ガロアは非常に若く、本当の理由が何だったかを突き止めるのは難しい。確かなことは、朝早く決闘に出向き、致命傷を負っているにもかかわらず道端にとり残されたということである。

ガロアの決闘に関するイタリアの女性数学史家ラウラ・トティ・リガテリローラの解説を紹介しよう。

五月七日、ガロアは「民衆の友の会」の集会に参加した。この組織は、最近ほとんど会合を開いていなかったが、ある出来事が起こり、そのために集まったのである。外国で暮らしていたシャルル一〇世の妻である前女王がフランスに戻ってきた。彼女の一二歳になる息子はプラハに住んでおり、古い王朝の熱心な支持者でガロアの最初の論文のことで出てきた数学者コーシーに教育を受けていた。前女王の存在が王党派を混乱に陥れた。それは共和主義者が行動を起こす絶好のチャンスだったが、そのためには口実が必要だったのである。ガロアはもし犠牲が必要なら、自分がなると言い、友達のL．D．と決闘をする準備をした。他のものは、仕方なしにガロアの計画に従い、葬式で再会することを約束した。そして五月二九日、ガロアはL．D．と計画を詰めた後、冒頭で紹介した最後の手紙を書いた。

六月一日、ガロアの死が新聞に報道された次の日、計画通り葬儀が執り行われた。六月二日の正午、約三〇〇〇人がガロアへの弔問として、モンパルナスの墓地に集まった。彼らは、棺が墓へ埋葬されるやいなや、警察署を攻撃できるようにあらかじめ準備していた。

警察も増援部隊を呼び、警戒態勢がしかれていた。しかし「民衆の友の会」のリーダーたちが追悼演説を行っている最中に、重要なニュースが伝わった。ナポレオンによって陸軍元帥に任命されていたラマルク将軍が死亡したのである。数日後に行われるラマルク将軍の葬式の方が、より多くの人民を集め、より大きな暴動を引き起こすことは間違いなかった。共和主義者たちの間で、計画変更の新しい決定がなされ、ガロアの葬式は暴動の引き金とはならなかったのである。

ガロアの二〇歳での死は革命に何の影響も与えなかった。しかし、数学に対する彼の業績は永久に残ることだろう。彼の生誕地であり、父が市長を務めたブール・ラ・レーヌにある墓地には、革命についてガロアの記述はないが、記念碑がある。そこには簡単に、「エヴァリスト・ガロア、数学者。一八一一～一八三二年　ここに眠る」と書かれている。

（1）　どうしてこのような希望を書いたかは後でわかる。
（2）　（訳注）数学の論文は投稿されると別の数学者が論文の内容を確認する。この確認する人のことをレフェリーと呼ぶ。

3 無理数による解

ターレスにとっての本質的な問いは、何を知っているかではなく、どうやって知るかということである。

アリストテレス

ガロアの仕事が尋常でないのは、それが斬新かつ大胆なアイデアを含んでいるということである。これは当時の数学者たちには理解されなかったが、幸運にも決闘の前夜に書いた手紙は出版され、さらに一八四六年に著名なフランス人数学者のジョーゼフ・リウヴィルが注釈を付けて再出版した。ガロアのアイデアを説明する前に、2章で出てきた方程式 $x^2-x-2=0$ をもう一度見てみよう。この方程式は $(x-2)(x+1)=0$ と因数分解でき、二つの方程式 $x-2=0$ と $x+1=0$ に分解する。

これ以上因数分解できない方程式を「既約(方程式)」と呼ぶ。一つの例は「黄金比」と呼ばれる特別な比を与える方程式である。芸術や建築、そして自然界に見られる二つの辺における黄金比が人間の目を美学的に喜ばせている。この比はすでに紀元前三〇〇年頃にユークリッドの著作第6巻に現れ、いろいろな説明がついている。ユークリッドは正方形と長方形を利用した。ここでは、これをすこし変形した形で与える。二辺が次の特別な比である長方形を考える。その長方形を短辺を一辺とする正方形と残

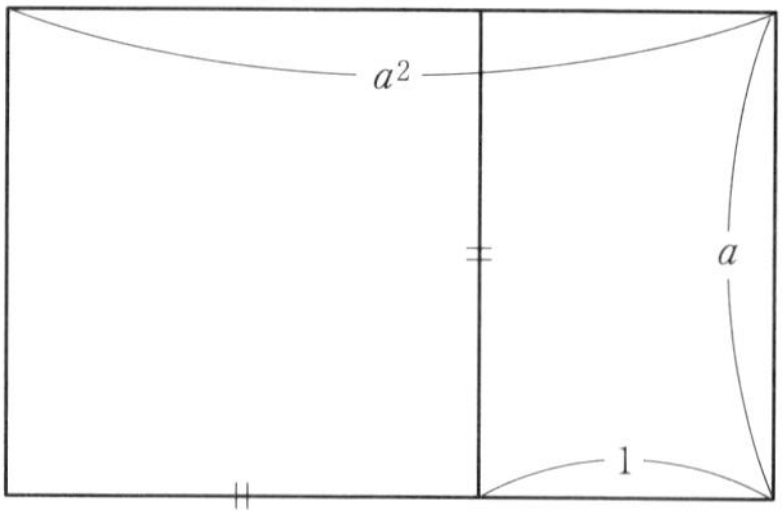

図5

りの小さな長方形に分割すると、小さな長方形の二辺の比がもとの長方形の二辺の比と同じになっている。この時の辺の比率が「黄金比」で、この比で分割することを「黄金分割」と呼ぶ(図5)。

イタリアのルネサンス初期に、ルカ・パチオリという数学者が、神の割合と呼ばれるこの注目すべき比についての本を書いている。その本は、レオナルド・ダ・ヴィンチやアルブレヒト・デューラーのような画家にも影響を及ぼし、ジョルジュ・スーラとポール・シニャックのようなルネサンス画家から新印象主義派まで多くの芸術家の作品にこの比が見られる。黄金比は、整数の比としては表示できないが、ピサの中世の数学者レオナルド・フィボナッチが発見した注目すべき数列を使ってその比に近づいていく数列を作ることができる。

フィボナッチは、ルネサンスが起こる前の一二〇〇年頃に、ヨーロッパで初めてオリジナルな結果を載せた本[1]を書いている。フィボナッチは北アフリカで育ち、そこで数学のアラビア伝統を学んだ。その後、エジプト、シリア、ギリシア、シシリー、プロバンスに移り住み、最終的にピサに居を構えた。彼の本『算盤の書』には、ヒンズー・アラビア数字が使われ、今日使用している一、十、百などの十進記法が使われている。その本では、利鞘、両替、度量衡など、実用的な問題に対処するものが主に扱われているが、次のような純粋数学の問題も含んでいた。

四方が壁で囲まれた場所につがいのウサギを入れる。毎月、各つがいのウサギがつがいの子ウサギを生み、その子ウサギが次の月にはオトナに成長するとして、一年で何組のウサギになっているだろうか？

これから、一ヶ月目の数、二ヶ月目の数…と数字を並べていくと、各項（当然、最初の二項は除く）が前の二項の和になっているような数列ができる。

1、1、2、3、5、8、13、21、34、55、89、…

この数列は「フィボナッチ数列」と呼ばれ、自然界にいろいろな形で現れてくる。たとえば、花の花弁の数は、これらの数の一つであることが多い。多くの花は五枚の花弁を持っており、あるものは三枚で、あるものは、八枚とか一三枚である。ヒナギクは、種にもよるが、大体は二一枚か三四枚であり、ヒマワリは五五枚である。

フィボナッチ数列の連続している項の比率、$13/8$、$21/13$、$34/21$、$55/34$は黄金比に限りなく近づいていくが、決して黄金比そのものにはならない。これに触発され、ノルウェーの作曲家ペア・ノアゴーは「黄金の幕への航海」を作曲している。ノアゴーはこの作品の最初の部分で、黄金比に近づくリズムの比を与えるために、フィボナッチ数列の数を拍数とするリズムを利用している。そして第二部では、聴衆は「黄金の幕」を通り抜け、弦楽器や木管楽器による調和したメロディーを聞くことになる。

黄金比の正確な値は、次の等式を使って計算できる。ここでは、黄金比をxで表す（次ページの囲みを参照）。2次方程式 $x^2-x-1=0$ を考えてみよう。この方程式は二つの因子の積には分解せず、既約であって二つの解のどちらも整数の比にはならない。この解のような数を「無理数」と呼んでいる。これ

黄金分割と黄金比

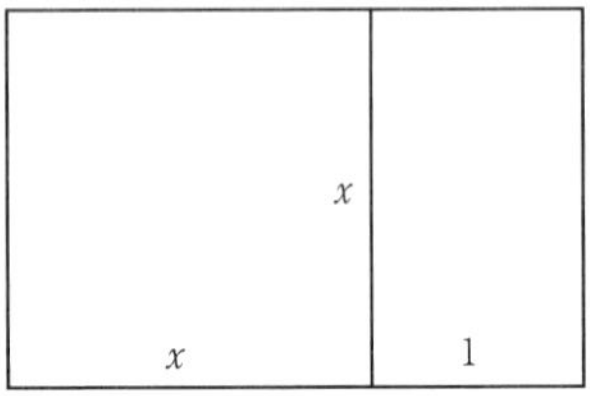

この図において，小さな長方形と大きな長方形は相似である．すなわち，辺の長さが同じ比率を持っている．この比率が黄金比である．小さな長方形では，辺の比率は $x/1$ であり，大きな長方形では，比率は $(x+1)/x$ となっている．これから方程式 $x/1=(x+1)/x$ が出てくる．両辺に x を掛けると，$x^2=x+1$ となり，2 次方程式が出てくる．$x^2-x-1=0$ と変形し，2 次方程式の解の公式を使うと，解は

$$x=\frac{1+\sqrt{5}}{2},\ \frac{1-\sqrt{5}}{2}$$

であることがわかる．プラス記号が付いている方が黄金比である．大体，1.618… となる．

は無理な数ということではなく、単に整数の比にはならないという意味である。これに対し、二つの整数の比として表示できる数を「有理数」と呼ぶ。

無理数の存在に最初に気づいたのは、イタリア南部のクロトンに住んでいたピタゴラスの弟子たちのピタゴラス学派だった。彼らは宇宙を整数や整数の比で表そうとしていたので、一辺が1の正方形の対角線の長さが無理数であることに気づき当惑した。無理数の存在が、自然はすべて音楽の調和のように、整数の比率に基づくべきであるという考えを転覆したからである。学派は混乱し、メンバーの一人がこの知識を公開しようとして追放された。さらに彼は神の怒りに触れ、海で溺れて沈黙したという出所不詳の話まで出回った。しかし、無理数の存在は周知の事実となる。

さて、再び先述の方程式に注目しよう。この解に出てくる平方根$\sqrt{5}$の符号を変えることで、二つの解は交換できる。このように、無理数の解を交換すること、これがガロアの行ったことである。解同士の間の可能な交換をすべて集め、その集まり(群)を調べることで、解が平方根、立方根などの言葉で記述できるかを判定したのである。このことについては後で詳しく説明することにする。

物事を交換するのは手品師が昔から使っている方法である。私が子供の頃、父はよく手品をしてくれた。そのうちの一つが、ものを交換する手品である。木製椅子が二つあり、各々に木製の平らな白いウサギと黒いウサギが置いてある。父は緑の布で各々のウサギを覆い、魔法の呪文を唱えて布をとると、ウサギが位置を変えているのである。左側にあった白いウサギが右側に移っており、右にあった黒いウサギが左にあるのだ。父が呪文を唱えるたびにウサギは場所を変えた。

父は何回も繰り返してくれたので、だんだんトリックがわかるようになった。ウサギが場所を変えているのではなく、変わったのは、見える面であり、単にウサギにかぶせられたカバーが回されただけだった。両方のウサギとも、白と黒であり、表面が黒で、裏面が白だったのだ。これは簡単なトリックなので、途中でネタがわかって、自分がだまされていたと気づく。そして手品の最後には、両方のカバーが同時に取り除かれ、一つのウサギは黄で、もう一方は赤になっていた。

ガロアの論文との関連は、黒いウサギおよび白いウサギが既約2次方程式の二つの解と似ていることである。もし、一つの解が$(1+\sqrt{5})/2$なら、別の解は$(1-\sqrt{5})/2$でなければならない。これらは同じものの裏表のようなもので、方程式自体によって視界から隠されている。

ガロアは解が二つより多い高次の方程式を考えていたため、黒と白だけではなく、赤、黄および他の色のウサギも扱っていたことになる。多くの色、可能な交換の仕方の多さ、そして交換の複雑さをガロアは研究したのである。結局、この複雑さが5次およびそれ以上の方程式に対する係数とそのベキ根を用いた一般公式を作ることが不可能であるという事実を導いた。ガロアは、既約方程式の解は無理数であり、解の個数は方程式の次数と等しいことを知っていた。2次方程式は二つの解を、3次方程式は三つの解を持っており、高次の方程式も同様である。このことは、一八一五年にガウスによって証明された「代数学の基本定理」から出てくる。

無理数の解は、量子物理学のクォークのように集まりとして現れ、集まりの中にそれらの対称性が隠されている。ガロアが天才なのは方程式の解そのものではなく、解をウサギのように扱い、お互いに交換することができる対称性の構造を解析したことである。

いくつかのものを同時に置き換えることを「置換」と呼ぶ。これは、ひもに通したビーズや、テーブルの周りに座っている人々というような、並んだ対象の集まりがある時、その順番を変更する操作を表す数学用語である。「三色のビーズをひもに通すには、六通りの置換がある」というように、配置の種類のことを意味したり、「両側のビーズを交換し、他はそのままにする置換」というように、再配置を意味したりする。再配置をするという行為(変換とか作用とも言う)が我々の意味するところである。

たとえばテーブルの周りに三つの椅子があり、右回りの順に、A氏、B氏、C氏の三人が座っているとする。

最初、A氏とB氏を交換し、C氏は動かない。これが置換の一つである。次に、C氏とB氏を交換し、A氏をそのままにしておく。これが二つ目の置換である。最初の置換の後に二番目の置換をすると、その合成した結果も置換であり、各々を右側の席に移している(図6参照)。

ガロアが研究したのは、置換のある集まりで、その集まりの中の二つの置換を使って、一つの置換の後に別の置換を行い、合成してできた置換もまた、最初の集まりの中にあるという性質を持つものである。彼はそのような置換の集まりを「群」と呼んだ。ある性質を保つように一つの図形を動かす置換の

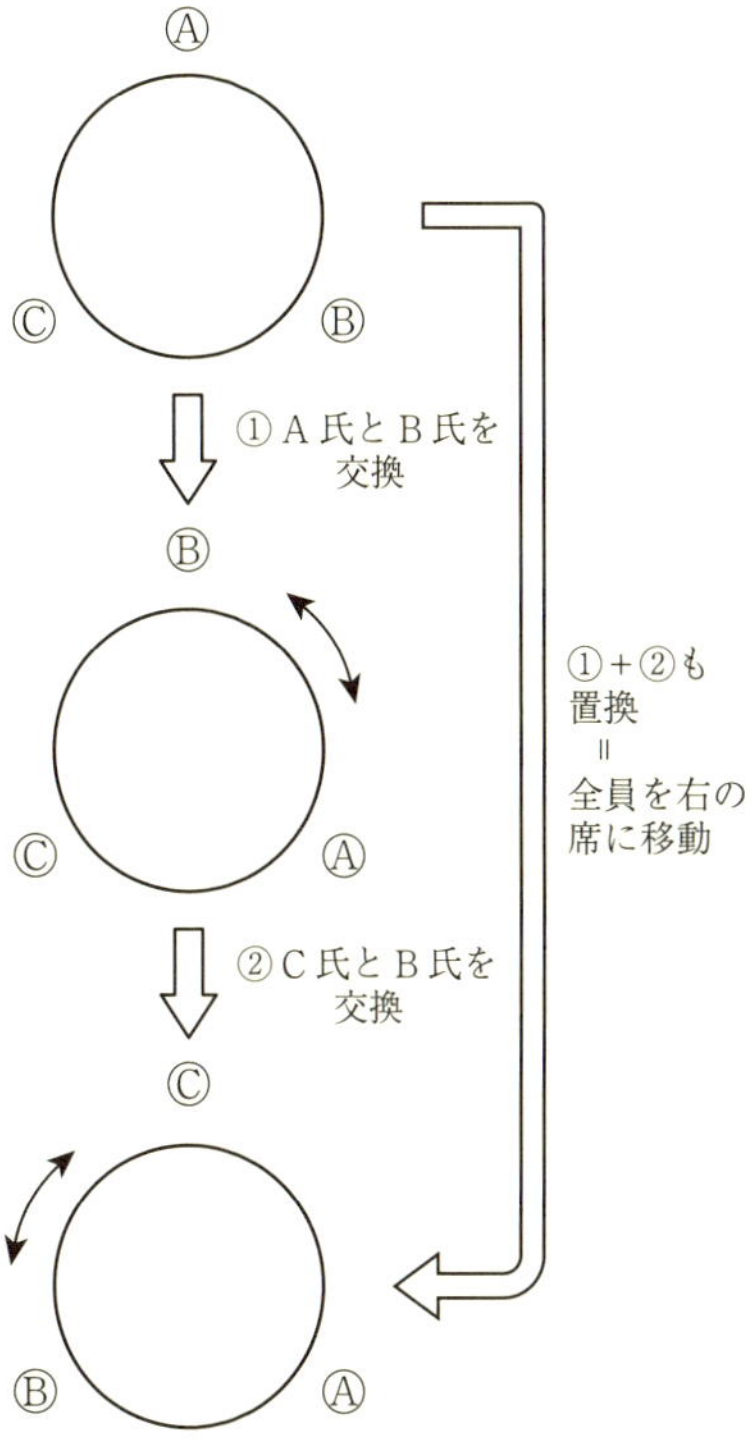

図6

集まりを考えた時、自然に群ができあがる。二つの置換が性質を保つなら、二つを合成した置換もその性質を保つからである。

与えられた方程式に対するガロアの置換の群を考えることで、解が実際どのように表記されるかという技術的な詳細を無視することができた。解全体の置換の方法を考えることで、方程式の解の世界を鳥瞰図のように見ることができ、細かい部分を避け、本質に迫ることができるのである。これが数学のマジックの一つである。対称性はすでに実在する物体の対称性である必要はなく、置換が何を動かしているかをしばらくは気にしなくてよい。この時、群の置換や対称変換のことを「作用」と呼ぶことにしよう。出版されていないガロアの論文の序文に次のように書いてある。

計算が得意で、食事に呼び出されている最中に論文を一つ書き上げたと言われるオイラー以来、計算はより必要かつ重要に、そしてより難しくなってきている。それゆえ、微細を見るためには、いくつもの作用を一気に扱うことが必要になってきた。

しっかりと計算に取りかかろう。まず、作用の群を分類しよう。それを表面的な形ではなく、難しさによって分類する。そのためには二つの方法が考えられる。一つの方法は、将来の幾何学者に課すべき仕事になるだろう。もう一つの方法は、この論文で私が乗り出した方向性である。

与えられた方程式に対して、ガロアは解の間の可能な置換をすべてひとまとめにした。これが現在、方程式の「ガロア群」と呼ばれているものである。それは数学の中心題材となり、代数方程式の解だけではなく、現代の整数論においても重要な役割を果たしている。

ガロアの研究において、本質的なことは、群をより簡単な群に分解するという考えである。このプロセスが完了した時、これ以上分解することができない群の集まりになる。これはよく見る分解と同じである。たとえば、自動車は多くのパーツに分解できるが、これらのパーツはすべてパーツ・マニュアルの表に載っている。あるものは、たとえばナットとかボルトとかのように、非常に単純なものであり、他により複雑なものがある。たとえば、ピストン、シリンダーブロックなどである。置換の群の中で、本当に簡単なものは「素数サイズの巡回群」と呼ばれるものである。

回転や置換など、一つの作用を考え、それをすべてが最初と同じ状態に戻るまで繰り返す。この時、繰り返した回数をこの作用の「位数」と呼ぶ。たとえば、鏡面対称は二回繰り返すとすべての点が元に戻るので、鏡面対称の位数は2であり、90度回転対称は位数4となる。一つの作用から繰り返してできる作用全体の集まりがなす群を「巡回群」と呼ぶ。作用を繰り返して群を作ることを「生成する」という。一つの作用から生成される群が巡回群である。その群のサイズは作用の位数と同じである。たとえば、サイズ2の巡回群は位数2の作用で生成されている。作用がどのようなものかはあまり重要ではなく、たとえば、鏡面対称も180度の回転も2点だけを交換する置換もすべて位数2の作用である。位数2の作用はいろいろな形を持つ。それが何であるかに煩わされることなく、抽象的に扱う方が便利である。これが群論の肝心なところである。作用の群を一つ思い浮かべるのだが、最初に考えた姿にとらわれない。なぜなら、いろいろな姿で同じ群が出てくるからである。作用の位数が素数の時、それは素数サイズの巡回群を生成する。

巡回群は基本的だが、素数サイズの巡回群はその中でも最も基本的であり、単純群でもある。各素数$p=2, 3, 5, 7, 11, \ldots$に対して素数サイズの巡回群がちょうど一つある。多くの群が素数サイズの巡回群に分解されていくが、すべてが素数サイズの巡回群に分解されるわけではない。素数サイズの巡回群に分解するものと、それ以外のものとの違いがガロアの仕事の本質的な部分である。ガロアは、方程式から一つの置換の群を得た。そして、それを可能な限り簡単な群へ分解していった。決闘の前夜に書いた手紙でガロアはこう述べている。「これらの分解された群がすべて素数サイズの巡回群なら、方程式は平方根や立方根などのベキ根を使って解くことができる。そうでなければベキ根では解けない。」言いかえれば、「与えられた方程式のガロア群が素数サイズの巡回群に分解できた時、方程式の解は係数から平方根や立方根などのベキ根を使って表示することができる」ということである。

これはおもしろい現象に結びつく。代数学の基本定理によれば、すべての方程式は解を持っている。ルッフィーニとアーベルによれば、ある5次方程式の解は、平方根、立方根などのベキ根では表せない。したがって、結論は必然的である。ある方程式に対しては、そのガロア群は素数サイズの巡回群に分解できないのである。結果として、素数サイズの巡回群以外に単純群があることがわかる。ガロアが書いているように、「単純群の最小のサイズは、素数でなければ、60である」。

このサイズ60の群は五個の対象を動かす置換の中で、「偶置換」と呼ばれる置換全体がつくる群であり、無限に続く単純群の列の一番目である。では、「偶置換」とは何か、対する「奇置換」とは何だろう？　この二つの区別を説明するのに非常に良いパズルがある。これはアメリカで最も偉大な難問制作者であるサム・ロイド(一八四一~一九一一)が一九世紀に考案したものである。それは縦横四マスずつ計一六個の正方形のマスになっており、その中に上下、左右に滑らせることができる一五枚の正方形のタイルが置かれ、残りの一ヶ所は空白になっている。通常、タイルには番号が付いていたり、文字が記入されていたり、絵の一部が描かれていたりしている。このタイルをでたらめに動かした後、もとに戻すゲームである。一つ一つの動きは、空白の場所に隣り合っているタイルを空白の場所へ移動させて行う。

　ロイドのオリジナル版では、タイルには1~15までの番号が記入されており、1~13までは左上から正しい順番で置かれているが、最後の二枚のタイルの14と15が逆に置かれており、右下に空白がある(図7)。これを空白が右下にくるようにして正しい順番に置き換えよという問題である。サム・ロイドは抜け目なくこの問題の解答に一〇〇〇ドルの賞金を付けた。今の価値で、一〇〇万ドル以上になるだろう。しかし、賞金は挑戦者に取られることが決してない。なぜならこの問題は決して解けないからである。

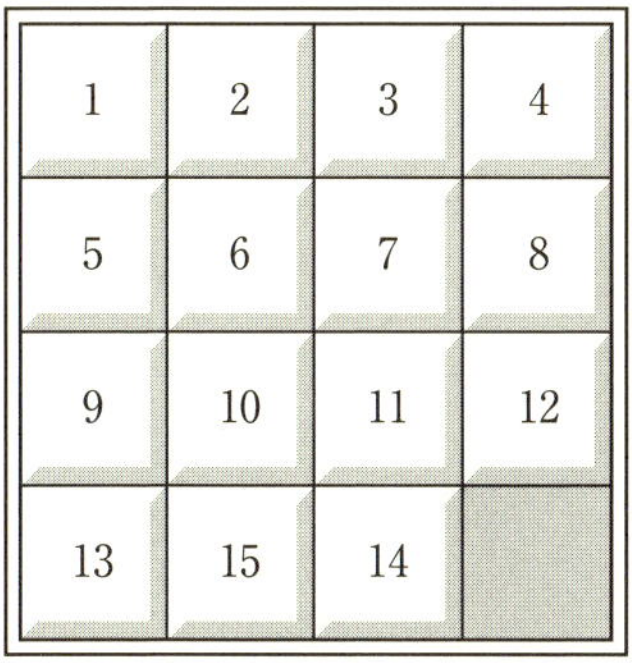

図7

　この不可能性が偶置換か奇置換かという違いによるものなのである。ちょっと、パズルを忘れて、置換について考えてみよう。たった二つの対象だけを交換し、それ以外を動かさない置換を「互換」と呼ぶ。たとえば、もし六人がテーブルの周りに座っており、二人が席を交換し、他の人は動かないでいたとする。これが互換である。互換をいろいろ組み合わせて、うまい具合に何回か繰り返すと、希望の置換を作ることができる。[2] しかし、驚くべきことがある。互換を偶数回繰り返して置換を作った時、それと同じ置換を奇数回の互換の繰り返しで作ることは決してできないのである。この逆も同じで、すべての置換はこの意味で偶数回か奇数回かのどちらかに分かれる。両方ということはあり得えない。偶数回の互換で作られる置換を「偶置換」、奇数回の互換で作られる置換を「奇置換」と呼ぶ。たとえば、テーブルの周りの席で互換を七回繰り返して順番を変えたとする。同じ順番を作り出すためには、互換を奇数回繰り返さなければならない。誰かが六回でできたと言ったら、間違いの方にお金をかけてよいだろう。五回なら可能かも知れないが、決して六回ではない。相手がどんなに巧妙に行ったとしても、もとの置換は奇置換なので、偶数回では決してできないのである。

さて話をパズルに戻そう。最後の二枚のタイル、14と15の交換は互換一回なので、奇置換である。しかし最初右下にあった空白を最終的に右下に戻す置換は偶置換である。理由を説明しよう。一回の動きは常に空白に近隣のタイルを移動させることなので、空白もタイルと考えると、これは空白タイルと他のタイルを交換する互換である。一回の動きで空白タイルは、上下か左右に一つだけ動く。右下から出発して、右下に戻るには、上に動いた回数と同じだけ下に動く必要があり、同時に、左に動いた回数と同じだけ右に動く必要があるので、空白の動きは偶数回となる。すなわち、空白が右下に戻っていれば互換の回数は偶数であり、置換は偶置換なのだ。ゆえに、14と15だけを交換する奇置換は決して作れない。サム・ロイドの賞金は安全であり、彼もそのことを知っていたから高額の賞金をつけたのだ！

このパズルに挑戦した人たちは皆、何か考えが必要なことに気づく。もし考えもなしに適当にパズルを動かしたとしたら、正しい配置を得る見込みはほとんどない。なぜなら一〇兆四六一三億九四九四万四〇〇〇通りの可能なパターンがあるからである。この数は空白と一五個のタイルからなる一六個の対象に対して行いうる偶置換の全個数である。

この数の求め方はこうだ。最初に一六個の対象の置換全体の総数を計算する。対象が何であるかは問題ではないので、ひもに一六色のビーズを並べることを考えてみてほしい。左から順番に並べていくとする。最初のビーズの色の取り方は一六色通りあり、二番目は、残った一五色から一つを選択、三番目は残った一四色からの選択になる。したがって、ビーズの色の配列の総数は16×15×14×…×2×1で、二〇兆九二二七億八九八八万八〇〇〇となる。これが一六個の対象の置換の総数で、この半分が偶置換であり、残り半分が奇置換である。それで、偶置換の個数は一〇兆四六一三億九四九四万四〇〇〇となる。

偶置換を強調する理由は、五個以上の対象を考えた時、偶置換全体の群が「単純」だからである。すなわち、1章で述べた単純群なのだ。5次の多くの方程式において、その五つの解の置換の群がこの「単純な」固まりを含んでおり、素数サイズの巡回群には分解できない。これは、その方程式の解が平方根、立方根などのベキ根を使っては表示できないということであり、5次方程式の一般的な解の公式はないということになる。これがガロアの仕事である。方程式に対する解の公式が不可能だということを示すこの洗練された方法は、この章の最初に引用したアリストテレスの言葉、「何を知っているかではなく、どうやって知るか」の良い実例である。

五個以上の対象の偶置換全体の群は単純群で、より簡単な群に分解することができず、また、素数サ

対象の個数	偶置換のサイズ
5	60
6	360
7	2520
8	20160
9	181440
10	1814400

イズの巡回群でもない。対象の個数が大きくなれば、これらの群のサイズも指数関数的に大きくなる。対象が多くなれば急速に大きく複雑になるのである。小さい方から順に六つ並べてみた(上の表)。

単純群の長い探究の果てに、モンスター単純群のベールも取り払われ、現在では、単純群すべてが知られている。しかし、それですべてが終わったわけではない。たとえば、すべての偶置換の群は対象の個数を増やすと、急速に大きくなりすぎて、増大する巨大な世界の列のようであり、いくつもの魅惑的な対象を含んでいる。地球を考えてみてほしい。地球は分解したり、組み合わせて構成したりできないが、近寄ってみると、木々のようなおもしろい対象を含んでいる。それらもまた分解することができないが、それら木々も葉のようなものを含んでいる。葉は細胞を含んでおり、細胞は分子を含み、分子は原子を含んでいる。

話を単純群に戻そう。ほとんどの単純群は数学的に意味のある予測可能な系列に属しているのだが、それ以外の単純群の存在が数学者たちを驚かせた。この本の後半で、たとえば一〇〇個の対象を置換する二つの例外的な単純群に出会う。一つは六〇万四八〇〇個のサイズを持ち、他方は四四三五万二〇〇〇個のサイズを持っている。非常に大きい数字だと思われるかもしれないが、例外的単純群の世界ではかなり小さいもので、両方とも一〇〇個の対象の偶置換の群の部分群である。この一〇〇個の対象の偶置換の群のサイズは次のようになる。

4666310772197207634084961942813335024535798413219081073429648194760879999661495780447073

1988078259143126848960413511879125592605458432000000000000000000

これは巨大な数字で、先に述べた二つの単純群の大きい方、サイズは44352000だが、それを百万倍の一兆倍の一兆倍の一兆倍の一兆倍の一兆倍の一兆倍の一兆倍の一兆倍の一兆倍したよりも大きいものになる。この数の大きさを理解するのは不可能だろう。しかし、似かよった例は理解の助けになるかもしれない。この比は、単一原子の大きさに対する目で見える宇宙の大きさの比をさらに一兆の一兆倍したものより大きいのだ。つまり、上の例外単純群を一〇〇個の対象の偶置換の群の中で探すのは、宇宙で原子一個よりも小さいものを探すのと同じようなものである。

問題はどうやって置換の宇宙のどこかに存在する、これらの神秘的な単純群を見つけるかということだ。単純群を見つけ出すのは、よく使われる「干し草の山の中から針を探す」よりはるかに困難だ。なぜなら理解を超えた広大な広さを持つ宇宙で、それが何かも知らないものを探すことを意味するからである。

我々は「単純な」群、すなわち単純群を探しているのだと心に留めておいていただきたい。単純でなくてよいのなら、少しでも群の知識があれば大きな群を簡単に構成できる。たとえば、工作キットを使うように、簡単な群を張り合わせて、大きな群を作ることができる。これらの構成の中にはなかなか巧妙なものがある。たとえば、サイズ2の群を四つ用意すると、一四通りの方法で、サイズ16の群を構成できる。他にもいろいろな群を作り出せるが、「単純な」もの、すなわち単純群は非常に稀である。

二〇〇〇未満のサイズを持つ単純群の大きさを書き出してみよう。

60　168　360　504　660　1092

サイズ60とサイズ360の群がそれぞれ、五個の対象の偶置換全体の群と六個の対象の偶置換全体の群である。リストに載っている他の群は化学の原子のように、「周期表」に入っているものだが、それについては後で説明することにしよう。

（1）（訳注）それまではアラビア語の本の翻訳ばかりだったのである。

（2）テーブルの周りに座っている人の順番を変えることで説明しよう。まず、間違った席に座っている人（A氏と呼ぶ）を選ぶ。A氏が座るべき席にB氏がいるとする。B氏も間違った席に座っていることになる。他の人を動かさないで、A氏とB氏を交換する、すなわち互換をする。すると、A氏は正しい席になり、A氏とB氏以外の人は今までと同じなので、間違った席に座っている人が少なくとも一人は減ったことになる。もし、B氏がまだ間違った席にいるなら、B氏を先の手順のA氏と考えることで、上の手順を行える。必要なだけこの手順を繰り返すと全員が正しい席に着くことになる。たとえば、テーブルの周りに六人が座っている場合、どんな置換もたかだか五つの互換で達成できることになる。

4　群

美の主要な形式は順序と対称と明瞭さである。それを数理科学では特別な数を使って表す。

アリストテレス

一九世紀中頃、「群」という考えはまだ新しく、「単純なもの」を見つける方法は置換の群を観察することであった。後で他の方法も紹介するが、まずは置換の群から始めよう。置換の群の部分群を得るために、いろいろな条件を考え、それらを満たす置換だけを考える。

たとえば、四人がブリッジ[(1)]をするために座っているとして、向かい合っているブリッジ仲間が変わらないように座る方法は図8のように八通りある。

配置の置換によって左隅上部の配置から他の配置へ変化することを見てみよう。まず配置を回転するという置換で上部の列の配置が得られ、点線を軸に反転するという置換で下の列が得られる。これらの置換全体は、ガロアの意味で群となっている。すなわち、一つの置換の後で、別の置換を続けてできる合成した置換もこの八つのどれかである。たとえば、右まわりに90度回転させた後で左右を反転させると、最初の配置はまず二番目の配置に行き、次に右端の下の配置に移り、この合成は、対角線で反転さ

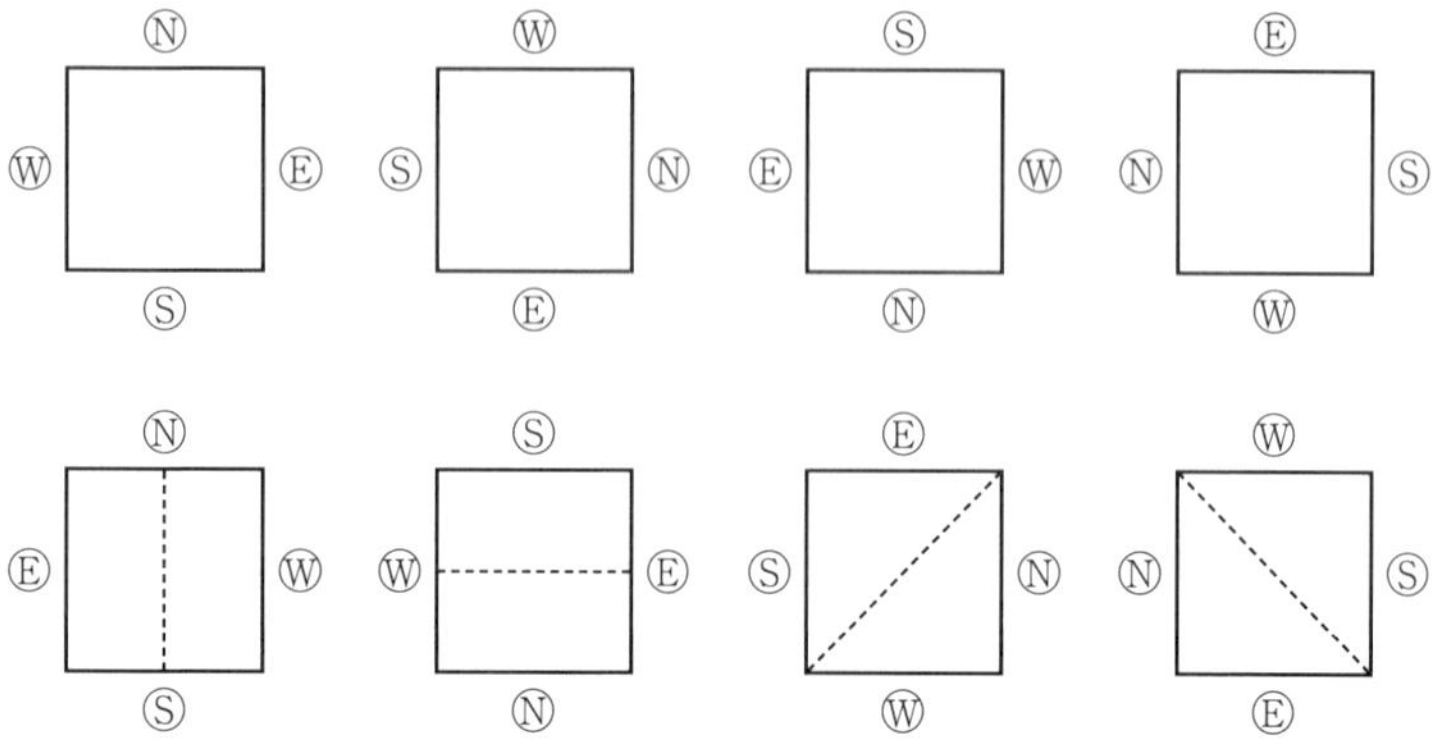

図8

せたものと同じになっている。もし、先に左右の反転を行い、次に90度の右回り回転をすると、合成は他の対角線による反転になっている。このように、二つの置換の合成は、行う順番が違うと別の結果を生むことがある。

　四人の置換すべてを考えた群は二四個のサイズを持っているが、ブリッジのパートナーが変わらないような置換だけを考えると、八個のサイズの部分群[2]を得る。8は24の約数だということに気づいただろうか。もし、一つの群が大きな群の部分群なら、小さな群のサイズは大きなもののサイズを割り切る。この結果はラグランジュの名前をとって「ラグランジュの定理」と呼ばれている。この結果やラグランジュの他の仕事がガロアに多大な影響を与えた。

　ラグランジュ(本名 ジュゼッペ・ロドヴィコ・ラグランジア)は一七三六年に生まれ、イタリア北部のトリノで育った。トリノは古代からの系図を持つ都市で、一八六一年にイタリアが統一された時の最初の首都となっている。ラグランジュの時代には、北部イタリアの一部とサルジニア島を含むサルジニア王国の首都だった。

ラグランジュの父親は国の財務で働いていたが、投機で財産を無くしてしまう。後にラグランジュは「相続財産があったら数学に専念しなかっただろう」と述べている。実際、彼は数学に専念し、三〇歳になった時にはプロシアのフリードリヒ大王に呼ばれてベルリン大学で職を得ている。ヴォルテールが哲学王と呼んだフリードリヒ大王は、ラグランジュへの手紙に、「ヨーロッパの最も偉大な王として、ヨーロッパの最も偉大な数学者を採用したい」と書いている。その職は、素晴らしい環境と十分な報酬が与えられるものだったので、ラグランジュは大いに喜んだ。結婚してベルリンに移り、そこで整数論から太陽系の安定性までいろいろな分野で数学的な問題に関する論文を書き続け、後生の研究を刺激し、そしてガロアの時代に最高潮を迎えることになる代数方程式に関する論文も書いた。

その後、一七八七年フランスのルイ一六世からパリに招待された。彼の妻が死に、後援者であるフリードリヒ大王もすでに亡くなっていたので、それを機に二〇年以上住んだベルリンを離れてパリに移った。そして、ルーブル美術館の一角に住み、すぐに著名な天文学者の娘である若い女性と再婚した。

ラグランジュがパリに移ってから二年も経たずにフランス革命が勃発するが、ベルリンにいた時と同じように、彼はすべての党派や政治的な軋轢から距離を置いていたので、他の数学者たちとは違い、恐怖政治時代(3)においても平穏に過ごした。偉大な化学者アントワーヌ・ローレント・ラヴォアジエが断頭台で首を切られた時、ラグランジュは「その頭を切断するのは一瞬だが、同じ頭脳を生み出すのには一〇〇年でも足りないだろう」と述べている。ラグランジュは一八一三年に七七歳で亡くなった。その頃、ナポレオンは上院議員になっており、帝国建設の野望を持ちはじめていた。

ラグランジュの置換の研究は彼の業績全体からみると小さな部分に過ぎないが、彼は重要な「定理」をのこした。そう、定理こそが数学の活力の源である。定理とは、真実であると証明された結果を述べたもので、それなしには確かな基礎の上に理論を構築しているという確信を持てず、先へ進めないのである。もし何かを真実だと信じて我々の理論に組み込み、後で間違いだとわかった場合、我々が構築したものは崩壊してしまう。なぜなら、その結果は間違った結果を正しいという前提のもとで証明したものなので、すべて再証明しなければならないからである。これは非常にやっかいなことなので、数学者は真偽に関して非常に注意を払っている。そして、他のところで使われる重要な結果は、皆が理解できるように証明しなければならないのである。

数学において定理は本質的であり、数学が進歩している証拠である。この意味では、理論物理とはやや違っている。有名な物理学者リチャード・ファインマンが言ったように、「物理学の目的はすべて小数点を含めて、数を詳細に計算することであり、それ以外は意味がない」。一方、数学の目的は定理を述べ、証明することである。もちろん、定理の中には他のものより重要なものがあり、また多くの定理は、数学的な展望を建てるためのやや専門的な結果である。もし、数学者の関心がその展望から離れると、それらの定理は大学図書館の奥深いところで単に埃まみれになる。しかし、いくつかの結果の中には絶えることのない関心を引き起こすものも現れる。ユークリッド幾何学に関する古代ギリシア時代の定理の多くはその良い例である。

ラグランジュの定理からおもしろい質問が浮かんでくる。サイズ60の群を一つ考えてみよう。15は60

の約数なので、サイズ15の部分群を持っていてもラグランジュの定理に矛盾しない。では、本当にそのサイズの部分群があるだろうか？ 答えは一般的には正しくないが、もう少し条件をつけると正しくなる。たとえば、約数が素数の場合にはそのサイズの部分群が常にある。2、3、5などは60を割る素数なので、サイズ60の群は実際にサイズ2の部分群、サイズ3の部分群、サイズ5の部分群を持っているのである。サイズ60の群はいろいろあるが、どの群もそれらの部分群を持っているのである。

これはオーギュスタン＝ルイ・コーシーによって一八四五年に証明された定理である。コーシーはガロアの話で出てきているが、数学の世界の指導的人物であり、広い領域に興味を持った数学者だった。コーシーは論文の査読を依頼されると、その論文の結果を改良し自分の結果として発表した。たとえば、一八四七年の三月一日、ガブリエル・ラメが「フェルマーの最終定理」の証明を発表した。この問題は二〇〇年以上未解決だった有名な予想である。ラメの証明はまだ証明されていない結果を仮定として使っていたので、コーシーは数週間に渡ってこれらの仮定が正しいことを証明しようとする研究ノートを作成し、公表した。しかし、五月二四日にドイツの数学者エルンスト・クンマーが、ラメの仮定が間違っていることを示す反例を提示したので、フェルマーの最終定理に対するコーシーの論文は意味を失った。多くの数学者はコーシーがこれで沈黙するだろうと思ったが、二週間後にコーシーはクンマーの反例を一般化した結果を発表したのである。

コーシーは驚くほど生産的な数学者で、猛烈なスピードで研究論文を書いた。フランスの数学界では、現在でも、コントランジュという定期雑誌があり、研究ノートが速やかに出版されている。二〇年の間に、コーシーはこの雑誌に五八九篇の研究ノートを発表しており、スペースの関係で発表されなかったものも合わせると、八〇〇を超える研究論文を投稿したことになる。

コーシーは非常に生産的な数学者であると同時に、独断的で才気があり、宗教的に保守であり、また根っからの君主主義者だった。独断的で才気のある熱心な共和主義者だったガロアとはまったく逆の政治的立場にいた。彼らはかなり違う育ち方をしている。コーシーは、一七八九年フランス革命の年に生まれ、一七九三年に恐怖時代が始まった時、彼の家族はパリからフランスの田舎に避難した。そのせいで、コーシーには革命と共和主義への消えることのない嫌悪感が生まれ、教会の保守的な考えとシャルル一〇世による絶対的な君主制に対する支持者になったのである。しかし、この反動的な姿勢を除けば、彼は原則に生きる人間だった。彼は一八三〇年の革命の後にフランスの王になったルイ・フィリップを認めなかった。そして、忠誠の宣言をする代わりに亡命したのである。これは奇妙なことであった。というのは、彼は宣言を行う以外の圧力を何も受けていなかったからである。しかし原則は原則だった。彼は最初フリブールへ行き、その後、トリノで職を得て、後にプラハへ移った。一八三八年にフランスに戻るが、宣誓を行っていなかったため、大学に再雇用の先を求めることができず、代わりに、科学学士院の職についた。一八四八年に第二共和国が組織され、忠誠の宣言が廃止されたので、コーシーは大学の職に戻った。四年後の一八五二年に、宣誓は復活するが、皇帝ナポレオン三世の恩赦によって二人の人物がこの宣誓を免除された。一人はコーシーで、もう一人はフランソワ・アラゴという有名な物理学者である。

コーシーは厄介な人物のように思われているが、別の側面も持っている。敬虔なカトリック教徒であり、犯罪者のために救済活動や、未婚の母親に対する援助など、さまざまな慈善活動において主要な働きをしている。たとえば、自分の住んでいたパリの近くの小さな町の貧困に苦しむ人々のために、給料を全部寄付したこともあった。市長が「全額でなくても結構です」と言った時、コーシーは「心配いりません。それは私の給料であって私のお金ではなく、皇帝のお金にすぎません」と答えている。

一八五七年五月初旬、コーシーは科学学士院に別の論文を送り、数週間以内に続きの論文を送る約束をしたが、五月二二日に亡くなった。

ラグランジュやコーシーたちの出した結果にガロアの深い考察を加えると、置換の群はより持続的かつ系統的な研究をされるべきであることが明らかになる。この難局に立ち向かったのがカミーユ・ジョルダンだった。彼は父親とおなじ職業エンジニアだったが、パリで数学の教授になる。彼の仕事は広い範囲をカバーしており、一つの変数から別の変数に徐々に変化する量を扱う数学の分野である解析に関する『解析教程』という本を書いている。ジョルダンは一八七〇年に「置換に関する論文」というタイトルの論文を発表する。これはその後の三〇年間、群論における標準的な参考書となった。

この論文を発表した時、ジョルダンは三二歳だった。さらに五二年生き、第一次世界大戦(一九一四〜一八)中に死亡した四人の息子たちよりも、妻よりも長生きし、一九二二年に彼が八四歳で死んだ時には、八人の子どものうち三人しか生き残っていなかった。ジョルダンの仕事は、群論の分野に対して次世代の数学者が発展するための基礎を与えた。彼の説明は幅広い聴衆を魅了し、その評判はフランスを越えて広まった。外国人学生も彼の講義を聴きに来た。それらの学生の中に、ドイツのフェリックス・クラインやノルウェーのソフス・リーがいた。彼らが後に群論を新しい方向に導くアイデアを生み出すのである。

置換に関する論文で、ジョルダンはガロアの仕事を解説し、一つの群をどのように単純群へと分解するかを示した。分解されて出てくる群は必ずしも最初の群の部分群ではないが、他のいくつかと組み合わせると部分群になり、少なくとも一つは部分群である。ちょうど、スポンジケーキが重なって層を作っているショートケーキを考えるとよいかもしれない。各層が、分解されて出てくる一つの単純群で、そのうち部分群となっているのは皿に触れている層だけである。中間の層は皿に触れていないので、部分群ではない。誰かが隠れて一番下のスポンジケーキを食べてしまうと、残りは新しいショートケーキであり、下から二番目の層が一番下になる。これを群で説明すると、一番下にあった単純な群を取り除くという操作をすると、新しい群が現れ、ある単純群がその群の部分群となっているということになる。

物体をより簡単な成分に分解するという考えは科学において基本的である。肝心なことはこれ以上分解できない単純な成分があるということである。たとえば、物理的な物質は分子へ分解でき、さらにこれらはより簡単な分子に分解され、原子のレベルに達するとこのプロセスは終わる。途中でどのように分解を行ったかは重要ではなく、最終段階では常に同じ原子の集まりを得る。後にドイツの数学者(オットー・ルートヴィヒ・ヘルダー)が拡張しているが、ジョルダンは群でも同様のことが起こることを示した。すなわち、群をどのように分解していっても、最終的には、同じ単純群の集まりになる。

大きな群が単純な成分へと分解される例を紹介しよう。ルービックキューブの対称の群を考えてみよう。ルービックキューブの一つの動きは、立方体の面を90度回転させることである。この時、面の回転と同時に立方体の頂点を置換し、辺も置換している。そのような回転の集まりから作られるルービックキューブの置換全体の群は、200000000000000000000を越えたサイズになるが、以下のような単純群の集まりに分解することができる。八つある頂点の偶置換全体の群、一二個の辺の偶置換全体の群、そして、各辺で反転させるサイズ2の巡回群が一二個、各々の頂点で回転させるサイズ3の巡回群が八つである。ルービックキューブは対称の群が非常に大きいため難しいパズルだが、この群を分解してみると、ルービックキューブを解くための合理的な手順がわかるようになる。

次に、1章でも見てきたが、もう一度立方体の対称を考えてみよう(図9)。1章では置換に言及していなかったが、対称のなすどんな群も置換の群として扱うことができる。立方体は良い例である。立方体の対称は八つある頂点を置換するが、頂点が置換されている間、立方体の辺も面も同様に置換されていることになる。したがって立方体の対称群は、八つの頂点、六つの面、一二本の辺への置換と考えることで、いろいろな形で理解することができる。

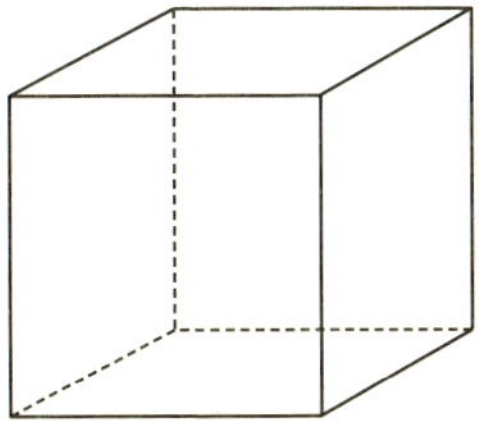

図9

このことはおもしろいが、物事をより複雑にしている。しかし、数学者はそのような複雑さを回避する良い方法を知っている。抽象的に群を研究するのである。何に作用しているとか、どのように働いているかを特定しないのである。これらの抽象的な群は、置換の群となったり、運動群[4]となったり、あるタイプのものを別のタイプに変形したりする群として現れたりもする。しかしながら、それらは抽象的に構成され、抽象的に研究することもできるのである。このようにして、まさにモンスター単純群が発見された。

モンスター単純群を置換の群として表示することは可能だが、置換の群としては我々の前に現れていない。対称の群としても可能だが、そのような姿を自然には見せていない。モンスター単純群は巨大な個数の作用の集まりとして出現した。研究されるべきもの、もし存在するのなら構成されるべきもの、そして理解されるべきものとして、我々の前に出現したのである。数学者が何かを得ることができるという事実は、徐々にではあるが、一部の人々には確かなことになってきた。通常、我々は数学者を創造的な芸術家とは考えないが、ある面では数学者が行うことと芸術家が達成するものとには多くの共通点がある。画家は、何を描こうとしているかはっきりと理解していても、結果を正確に予測することは容易ではない。振付師はどの演出が必要かわかっていても、音楽にステップを合わせることの方に集中してしまう。抽象群とダンスとを比較してみると、群は多くの方法で表示され、ダンスはさまざまなダンサーによって表現されているという点で似ている。数学者はしばしば抽象群とそれを実際の群として理解するために使う方法とを区別しないが、イェーツが彼の詩「学生時代」の最後に書いたように、

音楽に合わせて全身が揺れ、瞬く光、ダンサー自身がダンスそのものになっている。

完全に抽象的な方法で群を扱うことは、まじめな数学書に譲ることにしよう。我々は置換のように、何かを動かしている群のみを考えていこう。ただし、置換を行うことは重要ではなく、置換している対象によっていろいろな方法で表現されること、時には、別の対象を考える方が同じ群を理解するのに役に立つこともあることを理解しておこう。たとえば、音楽の作品は言葉や動き、あるいはダンスを伴っ

たり歌だけを評価したりするが、同じことが群にもいえる。対称の群としてみたり、置換や運動の群とみたり、単に群そのものだけを研究したり、評価したりするのである。

ときどき、抽象群は驚くほど異なる方法で現れる。このことに群論研究者たちは興味をそそられる。サイズ60の単純群は五つの対象の偶置換全体の群として現れており、また、正一二面体の回転群としても現れたりする。この二つの群の間の関係はかなり変則的であるが、そのような変則はより大きな変則を生み、どんなパターンにも当てはまらないモンスター単純群のようなものを生み出したりする。このことについては後でまた述べることにしよう。

一方、群の研究は思いもよらない方向に進み、単純群の「周期表」に結びついていく。新しい発展を担うのは、ノルウェーの牧師の息子ソフス・リーである。彼の仕事はガロア理論と同様に、リー理論として、現代数学の主要部門となっている。

(1)（訳注）正称はコントラクト・ブリッジ。向かい合わせの二人で一組となって四人で行うトランプゲーム。

(2)（訳注）実際には、八個のサイズの部分群は三つあり、それぞれ四人をブリッジのパートナーに分ける時の分け方に対応している。

(3)（訳注）フランス革命において、一七九三年五月三一日のサン・キュロットの反乱によるジロンド派没落から、一七九四年七月のテルミドール九日にいたる間の、ロベスピエールに率いられた山岳派による革命的独裁政治体制をいう。多くの人たちが処刑されたり、獄死したといわれる。

(4)（訳注）回転群のように動きとして理解できる群のことである。

5
ソフス・リー

太陽がその光輝によって星の影を薄くするように、人々の集まるところで、知識ある人が代数の問題を提案すれば、他の者の評判の影を薄くするであろう。その問題を解決すればなおさらである。

ブラーマグプタ(五九八〜六七〇)

有名な科学者のほとんどは、これまでだれも想像もしなかった方向に自分の研究主題をとるという大胆で新しいアイデアを持っている。数学者も例外ではなく、ガロアやリーもそうだった。リーの仕事は群の研究を根本的に新しい領域に発展させることになる。詳細については後で説明するが、彼はガロアの理論を微分方程式を扱う群の理論に発展させるために、ものを連続的に動かす置換の集まりである群を考えた。当然、置換される集まりも無限であるから、置換と呼ばず「作用」と呼ぶことにしよう。リーの考えた群のサイズは無限だが、すべての有限サイズの単純群の発見に大きな影響を及ぼすことになる。

リーという人物は、残した結果も強力だが、彼自身も力強い性格と強靱な身体の持ち主だった。最近の伝記作家の一人が、彼のことを「力強いあごひげ、ぶ厚いレンズの眼鏡の中で輝く青緑の瞳、野性的な力、生命力にあふれた巨人、そして大胆な目標と、不屈の精神を持っている。どう見ても劇場で演じられるドラマの典型的なキャラクターの具現化である」と述べている。

ソフス・リーは一八四二年にオスロ(当時のクリスチャニア)で生まれた。父親が海岸沿いの小さな町の牧師に任命されたため、家族で移住したが、その一年後に母親を失っている。彼はまだ一〇歳だった。一五歳になって彼はオスロにある学校に寄宿し、さらにそこにある大学に進学した。学生時代は体操選手として活躍し、とくに鞍馬が得意で、本物の馬の上でも片手を馬の背中において反対側にジャンプしたりしていた。リーは歩くのも好きで、長距離のハイキングをよくしていた。八〇キロぐらい歩くのが日課で、家族に会いたいと思った時には、簡単に六〇キロを歩いて家に帰ったりもした。また、ある時は読みたい本を取りにいくためだけに、家まで歩いて往復したこともあった。

高校や大学では、科学を専攻していたが、最終学年になると、それを退屈だと思いはじめ、卒業した一八六五年一二月には将来の目標を失って自宅に戻った。彼が翌年の三月に親しい友達へ送った手紙には「クリスマスの前にお別れの言葉を述べた時、永遠の別れになると考えました。というのは、自殺を考えていたからです。しかし、それを実行する勇気がありません」と書かれている。リーは鬱《うつ》病の発作に悩まされていたが、同時に非常に活動的であり、感情的でもあった。それについては、こんなエピソードがある。

リーは毎年夏には、南の町で姉夫婦と金持ちの医者と一緒に過ごした。その町では、彼はさまざまな突拍子もない行動をとることで有名だった。ある夏、彼は医者の息子や姉の子供とその友達のためにスイミング・スクールを開いた。彼は子供たちを鍛えるために、ボートで入り江へと漕ぎだした。リーの指導は厳しく、ストロークが合わない子供に冷たい水をかけたりした。また、甥に浮きをつけて船から突き落としたりもしている。その時、リーは波に流された甥を見失ってしまうが、運良くそこには何をしでかすかわからないリーのことを見張っていた人たちがいて、別のボートで甥を助けてくれた上に、震えている甥に優しくコートを掛けてくれた。リーは自分の乗ったボートを彼らの脇に寄せ、甥にボートに戻るように命令した。助けてくれた人たちが、まず子供に着せる衣服を渡してくれと頼むと、最近の伝記作家が書いているように、「リーは相手構わず悪口を言い、彼らを嘲り、少年がボートに渡って来なければ、頭をぶん殴ると脅したと言われている」。その地方の母親は、子供を叱る時にリーの名前を使ったと言われている。「良い子にしなさい。さもないと、ソフス・リーが来て、あなたを連れていってしまうわよ」と。

この頃でもまだ、リーは何をしたらよいか目標が決まっていなかった。リーは教えることが好きで、学生時代には家庭教師をしていたが、教員になる気はなかった。彼は当時好きだった天文学の授業の教育補助をしたことがあるが、天文学の職は得られなかった。寒い日に暖を取るために実験装置を飛び越えるなどして天文学の教授の怒りをかったのである。またリーは一度、故意か偶然かはわからないが、観測所に閉じこめられたことがあった。しかし、二階の窓から簡単に飛び降りて脱出している。結局、天文学において就職はできなかったが、天文学への情熱はその後も続いており、天文学に関する一連のよく知られた講演を行っている。

ゆっくりではあったが、リーは少しずつ数学に興味を持つようになる。一八六八年の夏に、オスロで大きな数学の研究集会があり、彼も参加して、フランス、ドイツ、イギリス、イタリアの数学者たちの最新の研究結果を聞いた。リーはその時まで、研究というものをまったくしていなかった。後に書いているように、「自分で科学的な結果を生み出すなど考えもしなかった。結局、知っている数学をどう教えようかだけ考えていたのだ。私はその時以来、自分で何かを生み出すということに夢中になった。」

その秋、彼は幾何の研究計画を開始し、自費で論文を出版した。その論文はドイツ語に翻訳され、一八二六年にレオポルド・クレレによって設立されベルリンで編集されていた主要な雑誌に受理された。この論文が評価され、次の年の秋には彼は研究補助金を受けてベルリンへ行った。そこで、リーは最も有力な支持者になってくれるフェリクス・クラインという若いドイツの数学者に出会った。クラインとリーは互いに助け合う関係だった。リーは自分の特異な考えを追究するのが好きだったし、クラインは数学に対して大きな展望を持っており、それに合うリーの新しい考えを聞くのが好きだった。リーがクラインに考えを説明し、クラインはそれについて質問し、リーがそれに答えるという感じで、非常に意味のある議論が発展した。

一八七〇年初頭、リーはパリに行き、クラインも後から加わった。パリで、いろいろな人物たちと出会い、その中にはジョルダンもいた。ちょうど、ジョルダンの置換の群に関する壮大な論文が出版されるところだった。この訪問は非常に刺激的だったが、七月中旬にプロシアとの戦いが起きたため取りやめになり、リーとクラインはすぐにパリを離れた。これは賢明な判断で、九月には、プロシア軍がパリを包囲し、集中攻撃をしている。フランスの国防大臣は気球でパリを離れ、亡命政府に加わった。フランス軍は包囲を解けず、パリの住民は窮乏し、冬に入ると、動物園の動物たちが肉として競売にかけられたりもした。

クラインは、すぐにドイツへ戻ったが、リーは、ルイージ・クレモナという名の数学者に会うためにイタリアを訪れることに決めた。彼はそこまで徒歩で向かうつもりだったが、フォンテーヌブローより先には行けなかった。というのは、リーはドイツのスパイの疑いで逮捕されたのである。これについてはいくつかの理由があるが、一つは、リーは雨が降っても衣服を濡らさない方法を知っていたからである。彼は衣服を脱いでバックパックに入れて運んでいたのである。これが周りの人たちの関心を引いたのである。しかも、ノルウェーの歌を歌っていたのが、ドイツ語に聞こえたようで、さらに周りの景色の中でおもしろい場所を写したスケッチブックを持っていたのである。彼が所持していた数学の論文の中の「線」や「球」は「前線」や「砲」の暗号と思われ、友達の数学者ガストン・ダルブーが内務省の手紙を持って助けに来てくれるまで一ヶ月の間、拘留された。

リーは一二月に最終的にノルウェーに戻るが、祖国ではフランスを歩き通し、ドイツのスパイと疑われて拘束されたことが知れ渡っていた。彼は喜んでこの話をしていたが、すぐに重要な研究に着手し、次の夏までには優れた博士論文を完成させて、スウェーデンでちょうど空いていた大学の職に応募した。これがノルウェーの議会で取り上げられ、リーに新しい職を用意するかどうかで議論になった。彼は傍聴席から意見を述べようとするが、追い出されてしまう。しかし、リーの能力は圧倒的に信任され、すぐに数学で有名になった。

リーはガロアの仕事を大いに賞賛し、ガロアが代数方程式に対して行ったことを、微分方程式に対し

図 10　1886 年ライプチヒで職を得るためノルウェーを離れる直前のソフス・リー

ても行おうとした。微分方程式は変化を表す「率」を含んでおり、経済学、工学、物理学や他の領域においても広く使われている。それは、ガロアが研究した代数方程式とはまったく違うものであり、代数方程式は有限個の解を持つが、微分方程式は無限個の解を持っている。

たとえば、ある微分方程式は振動する弦を記述するが、その解は弦をどこで固定しているかによって異なり、固定する点を少しずつ動かすと、解も連続的に変化するため、微分方程式は無限個の解を与える。ガロアと同様に、リーもまたすべての解を一緒に考え、固定する点が変化するにつれて、解がどのように変形していくかを観察した。

この考え方が彼を連続変換の群へと導いた。連続変換とは、一つの作用が物事を徐々に変換させていくことであり、徐々に変化するというのは無限回の段階を経ることである。車を加速する時、スピードが突然上がるわけではない。ほんの少しの変化を無限回繰り返している。それゆえ、リーの連続変換群の中には無限個の変換が含まれており、サイズは無限になる。ところが、注目すべきことに、この連続変換群が有限サイズの単純群を見つけるのに本質的な働きをするのである。

なぜこんなことが起こるのかというのは哲学者にとっておもしろい問題だろう。物理学にも同じような問題がある。宇宙は小さな素粒子で作られており、それらはある状態から別の状態に一定の大きさ以上のジャンプをしている。では、どうしてそれらを記述するのに弦理論のような連続的な数学が必要なのだろうか？　物理学ではなく数学の中での話だが、7章で無限から有限に戻る方法を説明する。

微分方程式に対するリーの研究では高次元の幾何学を利用する。こう言うといかにも難しそうに聞こえるだろう。実際、古典的な微分方程式を勉強してきた当時の研究者にとっても難しいものだった。このような独創的な研究に対する周囲の無理解はガロアの時と同じだった。しかし、ガロアと違って、リーは生き続け、自分の方法を宣伝し、学生たちに理解させた。

彼が幾何を利用した由来は、方程式の変数を座標として扱うことからきている。座標を使って対象を幾何的に扱うアイデアは一七世紀前半の有名なフランスの哲学者ルネ・デカルトによって開発されたもので、二〇〇年以上に渡って標準的に使われてきた。一六三七年に、デカルトは有名な『方法序説』(邦訳は、谷川多佳子(訳)、岩波文庫、一九九七年)を発表しているが、彼はこれを当時標準だったラテン語ではなくフランス語で書いている。それは、特別な教育を受けていない人々にも彼の議論がわかることを望み、誰でも自然な推論によって真実と虚偽の区別ができると信じたからである。『方法序説』には付録として他の内容とは独立した幾何の章があり、そこで座標について説明している。この座標はデカルトに由来して「デカルト座標」と呼ばれている。

2次元で説明しよう。平面の各点は二つの数 a、b で表示され、それぞれ二つの座標軸からの距離を表している。

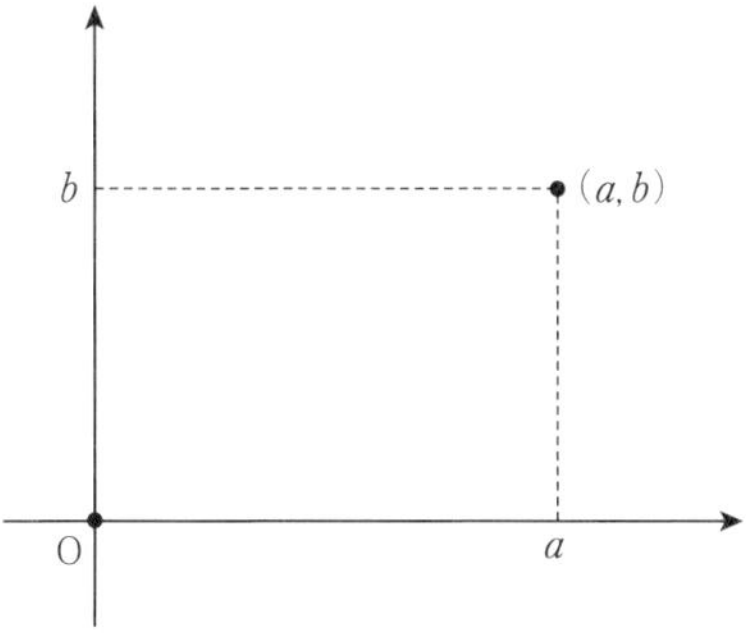

図 11

3次元では、各点は三つの座標(たとえば、水平方向に二つ、垂直方向に一つ)を持つ。すなわち、3次元空間とは三つの数字の組(a, b, c)の集まりと考えることができる。4次元空間を考えるのもそれほど難しくない。単に、各点を四つの数字の組(a, b, c, d)と考え、4次元空間はそれら全体の集まりと考えればよいのである。コツがわかれば、5次元も、6次元もあるいは7次元以上だって簡単に構成できる。

簡単に高次元空間を構成しているようにみえるが、数学者が4次元以上のものをイメージしているというわけではない。彫刻家のように3次元のものはかなり理解しているが、4次元となるとまったく別の問題である。訓練によってかなり熟達できると思うが、次元が上がればイメージすることさえ不可能になる。しかし、類似は理解を助ける。我々は2次元の平面から立体を構成するということの意味を理解している。すなわち1次元加えている。それと同じように、新しい次元を形式的に加えると考える。そしてさらに別の次元を形式的に加えていくのである。たとえば、平面においては、平行ではない二つの直線は交差している。しかし、3次元では、平行でもないのに交差していない二直線がある。2次元から3次元に進むと新しい可能性が出てくるわけである。3次元から4次元に進むとさらに新しいことが起こる。3次元の中では、ある直線がある平面の中のどの直線とも平行でなければ、その直線と平面は交差する。しかし4次元では平面の中のどの直線とも平行でなくても平面と交差しない直線がありうる。あたかも、その直線は平面に触れずに、反対側に行っているようなものである。しかし、これらの用語には、注意を払うべきだろう。4次元の中では、平面には上下とか左右とかの二つの面の区別はない。平面の中の直線は平面を二分するが、3次元の中の直線は領域を二分しないのと同じである。

よく4次元以上の幾何学が現実の何に対応しているのか尋ねられるが、2次元や3次元などの普通のユークリッド幾何学について同様の質問をしてみよう。ユークリッド幾何では、点は大きさを持たず、直線は太さを持たない。これは便利な抽象概念であって、実際の宇宙の姿ではない。素粒子はいくら小さくても、ゼロでない大きさを持っているし、直線や平面と呼ばれているものはすべて、ある厚さを持っている。量子論では、ある一定の量子限界以下のものはなく、消すことのできない一定の粒の粗さがある。一方、ユークリッドの幾何学は抽象的な世界であって、このような粗さはない。これは大いなる利点であり、非常に便利な道具として使えるので実在しないからと言って捨てるわけにはいかないのだ。同じように知覚できないというだけの理由で、高次元も捨てるべきではない。

高次元は数学の実際の応用において非常に便利である。たとえば多変数の問題を考えた時、どれだけ自由に変数を選ぶことができるかという自由度を表す次数という数字を持っており、変数の自由度に関する次数が増えるに従って、次元を上げて考えると扱いやすい。もし、変数が二、三個の場合には、その問題を2次元か3次元の幾何で記述できる。より多くの変数を考えるなら、より多くの次元の幾何が役に立つ。リーの場合には、方程式は多くの変数を持っており、高次元の空間が必要であった。これは現代数学の本質的な部分なので後で再び説明しよう。

大学に赴任した後、リーは研究計画に全力を注ぎこんだ。一八七二年、彼は当時エルランゲンにいたクラインを訪れた。そして、クリスマス休暇でノルウェーに戻った時に一八歳の若い女性と婚約し、一八七四年に結婚した。彼の研究は進展し、すぐに「有限連続群」の概念に到着した。現在、「リー群」と呼ばれているものである。「連続」という言葉は、群の中の各変換を連続的に変化させていくということを意味し、「有限」という言葉は、これらの変換の自由度が有限であることを示す。言い換えると、有限個の座標があって、リー群を有限次元で表すことができるということである。

例として、中心を固定した円盤を考え、中心の周りを回転できるとする。円盤の回転は、多角形の場合と違って、連続的に回転角度を変えることができる。この回転全体はリー群を形成している。このリー群を幾何学的な円を使って表示してみよう(囲み参照)。

回転群の例

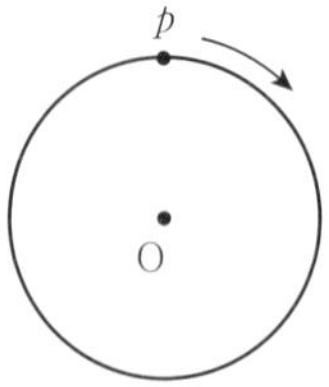

円盤の円周上の点pを1つ固定する．その点が原点(回転していない状態)を表す．円盤を回転させるに従ってその点は動き，1周させると円を描いている．すなわち，円周上の点と回転が対応しており，円が回転群を表している．この円が1次元リー群の例である．

高い次元の例としては、平面内を動く物体を考えてみよう。物体を平行移動させると、平面は2次元なので、動きには次数2の自由度がある。物体の回転まで考えると、自由度は三つである。すなわち、平面の中で動く物体の運動の群は平行移動に対応する平面自体の持つ水平な2次元と物体の回転を表す曲がった1次元[1]を合わせて、合計3次元となる。それゆえ、幾何学的にこの運動群を曲がった3次元の空間と見ることができる。ただし、3次元といっても、かなり訓練しなければ想像できるような空間ではない。この例は2次元の中での運動だが、3次元で考えるとさらに複雑になる。3次元空間の中で動き、回転しているテニスボールは6次の自由度[2]を持っている。したがって、6次元空間を使ってその運動を記述することができる。

さて、リーとクラインは幾何学を利用しているが、幾何学を目標としていなかったことを強調しておこう。クラインが一八七〇年に他の数学者への手紙に書いたように、「我々は幾何学的配置が与えられた時、その変換がどうなるかを考えていない。それより、変換のシステムが与えられた時、その幾何学的配置を問うているのである」。これはガロアの姿勢と似ている。彼は置換の群を利用したが、群そのものが彼の目標ではなかった。彼は方程式から出発したのである。同様に、リーも微分方程式から出発した。しかし、彼の幾何学的な洞察力が彼を連続変換群へと導いた。

その頃、ドイツの高校教師でリーより五歳年下のヴィルヘルム・キリングは、変換群に対して同じような考えを追究していた。キリングは一八八四年に長い論文を書き、ライプチヒ大学の幾何学教授だったフェリクス・クラインに送ると、すぐにクラインからリーの結果を伝える返事を受け取った。そこで、キリングはノルウェーにいるリーに手紙を書いて、論文のコピーを送ってくれるように頼んだが、返事は返ってこなかった。キリングはノルウェーの雑誌を見ることができなかったので、もう一度クラインに手紙を書き、クラインからリーに論文を送ってくれるように口添えを頼んだ。そして、やっと次の年になってリーから論文が送られてきたが、それも一時的という条件つきだった。キリングは論文を長く借りたいと頼んだが、返事がなかった。彼は非常にまじめな人物だったので、早急に返却しなければならないと考え、十分論文の結果を理解する余裕がなかった。

リーの方はその頃、ノルウェーで疎外されていると感じていた。そこで、クラインは一八八四年九月にリーの研究を支援するために若いドイツの数学者フレデリック・エンゲルをノルウェーに派遣した。このエンゲルはカール・マルクスと共同研究したフリードリヒ・エンゲルスとよく混同される。エンゲルは翌年の夏に膨大な原稿を持って帰国した。翌年の一八八六年、クラインは壮大な数学研究所を構築する計画を進めていたゲッチンゲン大学に移り、代わりにリーに自分の後任としてライプチヒ大学に赴任するように依頼した。それによって最愛のノルウェーを去ることになるが、リーにとってはすばらしい提案だった。ライプチヒ大学に移ればエンゲルと共同研究ができ、一緒に書いている厚い本の執筆も進むからである。しかも、リーと一緒に研究するために、学生たちがドイツのあらゆるところから集まって来ることができた。実際、リーはパリでも有名であり、数学に対する学生の態度も良く理解していたので、ライプチヒに最良の学生が集まり、すべてが、順調に行くように思えた。

そうこうしている間に、キリングはエンゲルと連絡を取っていた。エンゲルは、キリングが一八八四年に書いた長い論文を読むとすぐに、「あなたもまたリーの意味での変換群を発見しています」と保証する返事を書いた。キリングは二日後に返事を書き、リーとエンゲルに彼らの結果を公表するように要求した。「あなたとリーに、早急に結果を発表するようお願いします。この理論に関してどちらが先かを争いたくはありません。しかし、私は、少なくとも、現在発表されていない結果までも得ています。」

さらにキリングはライプチヒにいるリーを訪ねたが、二人の仲はうまくいかなかったようである。クラインへの手紙の中に、リーの気持が書いてある。「いま、キリングが帰ったところです。彼はいくつか本当に良いアイデアを持っていますが、多くの点で、信頼できる結果だという印象を受けませんでした。」彼らの関係は最後まで改善しなかった。しかもキリングに対する敵意はリーが精神的に落ち込むに従って大きくなっていった。話を続ける前に、キリングについて、どういった経歴を経てどのような業績を成したか見ていこう。

キリングはドイツ北西部のマンスターにある大学の学生だったが、教員にも学生仲間にも失望していたようである。実際、その大学には数学者はおらず、数学の授業は天文観測者が教えていた。また、後にキリングが書いているように、「その大学の学生たちはほとんどすべての科学に興味を示さなかったし、わずかな例外を除いて、試験に必要なものだけを勉強していた」。キリングは四学期が終わった後でマンスター大学をやめ、当時ドイツの数学の中心だったベルリンに出て来た。キリングは、真面目な人物だったようだ。というのは、彼の父が町長をしていた小さな町の学校で、週に三六時間教えるために大学を一年休んでいるのである。その学校は閉鎖に直面しており、キリングは全科目を教えた。その後、彼はベルリンで学業を再開し、博士号を得て教師に戻った。そして一八八〇年にカトリック聖職者のための教育施設で教授になった。

この恵まれていない職の下で、キリングは一八八四年の論文を書き、現在リー群と呼ばれている連続変換の群を分類することを追究したのである。これは「単純な」有限連続群をすべて見つけ、系列に分類することを意味する。矢継ぎ早に、彼は分類に関する一連の論文を三つ書き、クラインのもとへ送った。当時、クラインはクレレ・ジャーナルの編集委員だった。クレレ・ジャーナルはリーの最初の論文を掲載しており、今日でも続いている素晴らしい雑誌である。この雑誌にキリングの三番目の論文が一八八八年一〇月に投稿され翌年出版された。

三つの論文において明らかになったのは、キリングがリー群の「周期表」を発見したということである。彼はリー群を七つの系列に分け、AからGの文字を割り当てた。

英字の下付きの数は群の「ランク」と呼ばれ、そのリー群を表す空間の次元と関係している。ランクが高いほど次元が高く、したがって、表の中では右に行くほど次元は増加する。A系列が最も単純で、B、C、D系列はより複雑だが互いに似ており、これら四つの系列A、B、C、Dを古典的と呼ぶ。系列E、F、Gのリー群はランク8で終了し、全部で五つの例外型リー群がある。タイプE_9、F_5、G_3の群は存在しない。もしそのようなものを構成しようとすると、それは無限次元となる。一方、ランクを減少させると、すでに表の中に載っているものと一致する。

A_1	A_2	A_3	A_4	A_5	A_6	A_7	A_8	A_9	…
B_1	B_2	B_3	B_4	B_5	B_6	B_7	B_8	B_9	…
	C_2	C_3	C_4	C_5	C_6	C_7	C_8	C_9	…
			D_4	D_5	D_6	D_7	D_8	D_9	…
	G_2		F_4		E_6	E_7	E_8		

* C_1, D_1, D_2とかD_3を表に載せていない理由は，それらが「単純でない」ことだったり，すでに表に載っていたりするからである．たとえば，D_3はA_3と同じである．

キリングはすごい勢いで研究を進めた。彼はリー群の構造をよく知っていたので、説明を省いたり、いくつかの論理展開は飛躍しすぎだった。それについて次のように、キリングはクラインに宛てた手紙で書いている。

「もし発表した論文に満足していたと答えたら嘘になるでしょう。何度も証明の誤りを見つけ訂正しましたが、完全にはほど遠いものでした。私は、証明を付けた結果をできるだけ早く公表するのが最良だと考えています。そうすれば、真剣で完璧な確認がなされます。これらの問題に対して可能な限り早く、完全に完成させることが私にとって最も重要なことなのです。」

キリングによる結果の重要性は、リーには明らかだった。「もしすべてが正しいなら、偉大な結果を含んでいる」と書いており、後に、クラインに送った手紙にも次のように書いている。「キリングは美しい研究を行った。もし、この結果が私の信じるとおり正しいとすると、素晴らしい業績となる。一般的な言い方をするならば、変換群の理論は数学の広大な領域を統括することになるだろう。」

残念なことに、キリングは聖職者を育てる学校で働いていたので、キリングのもとで研究しようとする学生が誰もいなかった。キリングのもとには彼の仕事を整理したり、後始末したりする年少の数学者がいるだけだった。「もし数学の学生がいてくれたら、構造のことをいろいろ調べられるし、ランク4から8の群はセミナーで議論するのにちょうど良い群なのに……」と残念がっていた。

一方、リーはライプチヒで得た新しい職のもとで多くの学生を抱えていた。しかし、ここでの教育はノルウェーで経験していたものとはまったく別物であった。リーがノルウェーの友達に話したように、「ノルウェーにいた時には、講義の準備に一日五分程度費やせばよかった。しかし、ドイツでは平均三時間かけなければならない。言葉が常に問題となり、評価を気にして一週間に八～一〇回講義をしなければならない。」一八八八年、エンゲルと共著の厚い本の第一巻が出版され、一八八九年には第二巻が印刷された。キリングが分類論文の三番目を発表した年である。その後、一八八九年の後半にリーは神経衰弱を煩い、精神病院に七ヶ月入院した。

一方、キリングの証明における不十分だった部分は完全に解消された。結果は正しいかったのだが、最初の論文における誤りが後の二つの論文の評価を下げてしまった。キリングは群の問題を他の人たちに託し、自分の好きな幾何学の基礎の研究にもどった。彼を連続的に変換する群の研究に駆り立てた出発点である。その頃、キリングは自分が元学生だったマンスター大学の職についた。

彼は研究課題を自由に追究できる身分となったわけである。しかし、人生とは不思議なもので、独創的な人々はしばしば環境が最悪の時に偉大な仕事をするということがある。キリングもそうだった。マンスター大学の新しい快適な環境で幾何学の基礎に関する本を執筆、出版したが、エンゲルは「キリングの幾何学の基礎に関する最近の結果は無意味なものを含んでいる」と低く評価している。しかし、エンゲルはキリングがこの本で、賞を受賞するように強力に後押しした。というのは、彼はこの仕事がキリングにとってどれほど重要か、そして、この問題が彼を真に偉大な結果であるリー群の分類へと導いたことを理解していたからである。

こうして、キリングは我々の話題から消えていくが、まだ二つの問題が残っている。彼の結果は正しかったが、他の研究者が容易に確認できるように、理論的な解析を行わなければならないということである。もう一つの問題は、キリングが分類したタイプの中の群をすべて構成すること、すなわち、実際に存在することを示すことである。

その問題は、パリの若い大学院生であったエリ・カルタン（一八六九〜一九五一）によって完成される。カルタンは貧しい鍛冶屋の息子だったが、学校の査察官にその才能を見いだされ、援助をうける。この紳士がカルタンに特別な指導をするよう学校の先生に依頼してくれたため、カルタンは十分な奨学金を得て、良い寄宿学校に入ることができた。そこから、彼は能力を発揮し、一八八八年にエコール・ノルマルに入る。ここはガロアが学生だった大学で、現在では数学に関してフランス最高の大学である。一八九二年、カルタンは一年の兵役を終えてパリへ戻り、ライプチヒへの留学から戻ったばかりの学生のルームメートになった。この学生がリー群とキリングの分類のことをカルタンに話してくれた。カルタンはその話に魅了され、この題材で博士論文を書くことを決心する。

リーの方は、一八九二年の秋には長い憂鬱から完全に回復しており、自分の理論がパリで大流行だということを知って喜んでいた。フランスのすぐれた数学者のエミイル・ピカールは手紙で、「あなたは非常に重要な理論を構築しました。これは今世紀の後半で最も注目すべき数学業績として数えられるでしょう」とリーに書いている。さらに一八九三年頃にピカールは「パリは群論研究の中心になっており、群は若い研究者の心の中で発酵しています。醸造が少し落ち着いた後、優れたワインに出会えるでしょう」と書いている。

一八九三年、エンゲルとの素晴らしい本の最終巻が発表された後、リーはパリを訪れた。カルタンは尊敬する偉大な人に会うことができて興奮した。後に彼は「私は、一八九三年にしばしばパリでリー先生とお会いすることができました。その名誉を与えて下さった偉大なノルウェーの科学者から学んだことを何一つ忘れることができません」と述べている。翌夏、カルタンは博士論文を完成させる。その中で、キリングの仕事におけるギャップを埋め、キリングが見つけた周期表の中の群が実際に存在することを確認している。

カルタンはこの仕事におあつらえ向きの人だった。彼は抽象的な構造を考察する素晴らしい才能を持っており、それがキリングのアイデアを明確にし、発展させた。いくつかの技術的内容は再定義され、新しい概念が付け加えられた。その結果は現在「キリング・カルタン分類」として知られている。「抽象化」は数学にとって必要不可欠なものである。それは技術的に困難な問題を単純化したり、組み合わせたりする時に役立ち、新しい進歩を生み出す。カルタンの抽象化に対する姿勢は、かなり後の一九四〇年にベオグラードで行った講演で紹介されている。

他の科学以上に、数学は抽象概念を追究することで発展した。間違いを避けなければならないという欲求が、数学者を考察している対象や問題から本質を見つけ出し抽出するように駆り立てるのだ。極端な言い方をすると、数学者のこの傾向は有名なジョークになっている。「数学者とは、自分が何を話しているかを知らないか、あるいは話しているものが存在するかどうかさえもわからない科学者である。」

一八九四年、カルタンが分類を完成させた年、ノルウェーの下院は、リーのために大学の職を用意した。彼は自国へ帰りたかったので、喜んで受け入れたが、妻と娘はライプチヒに多くの友達がいたので離れたがらず結局留まった。しかし、一八九八年にリーが悪性貧血であることがわかり、そろそろ潮時と判断して、家族でノルウェーへ戻った。リーはその年の秋にいくつかの講義を行ったが、すぐに体力的な理由からあきらめなければならず、自宅でセミナーを開催することにした。しかし、それもすぐに終わってしまい、一八九九年二月に亡くなった。

（1）（訳注）回転を表すのに円を使うとわかり易い。円は曲がった1次元の線である。

（2）（訳注）空間の3次元に加え回転軸としても3次元とれるので、合計6次元となる。

6 リー群および物理学

数学とは、結局のところ実世界の経験なしに人類の思考が作り出したものにすぎないはずである。それがどうしてこれほどまでにうまく現実の世界に応用できるのだろうか？

アルバート・アインシュタイン(一八七九〜一九五五)

リーが研究に取り組んでいた頃、古典物理学の理論はかなり正しいと思われていた。しかし、これも長くは続かなかった。リーが死んだ一九世紀の終わりの少し前、古典物理学の体系は綻びはじめていた。原子の内部構造のような微視的な規模における新しい発見と、宇宙規模での新しい観察が、それぞれ量子力学と一般相対性理論の発展に結びついていこうとしていた。そして、リーの仕事は、これから我々が見ていくように、何人かの若い物理学者に興味を持たれはじめるのである。

リーの考えの独創的なところは数学に新しい分野を切り開いたことで、一九二二年に、ノルウェーの数学会の講演で、古くからの共同研究者であるエンゲル自身がこの点を熱く語っている。

発明の力が数学の偉大さを測る真の尺度なら、ソフス・リーはすべての数学者の中で一番目に列挙されなければならない。彼が数学の研究分野として開拓した領域は非常に広範囲であり、作り出した手法は有益で膨大である。この点で、彼と並ぶ者はほとんどいない。

リーは非常に偉大だったため、彼の名前はリー理論のタイトルとして、現代数学の一部分を占めるようになった。そして、リーの名を冠したものはリー群だけでなく、キリングとカルタンの分類の仕事に関係して出てきた和と積を持つある構造も「リー代数」と呼ばれるようになった。二〇世紀の進展とともにリー理論の重要性は高まり、一九七四年にはフランスの数学者ジーン・ディユドネが「リー理論は今なお進展を続けており、現代数学の中で最も重要な分野になってきている。算術から量子物理まで多くの理論が、いつの間にかこの理論を巨大な軸とするかのように、この分野のまわりに集まっている」と書いている。とくに量子物理学はリー理論を広範囲に利用した。本章中でもいくつかの応用について言及する。この本の後半で、量子物理学と一般相対性理論とを融合させる方法の一つである弦理論を通して、リー理論がモンスター群と結びつくのを見る。

相対性理論はアインシュタインがとくに有名だが、それ以前の電気と磁気の研究から一九世紀後半に出現しはじめていた。電磁気に関して不思議な現象が観測されていたのである。電磁気は波として伝播する。電波、X線、光などが電磁気の波(電磁波)の例である。実験では電磁波は光のスピードで伝播する。ところが、発信者や観測者がどれだけ速く移動していても、やはり電磁波は光速度で伝播してくるのである。発信者や観測者のスピードが考慮されていないことになり、これは明らかに矛盾である。それゆえ発信者，観測者の時刻や位置まで含めた相対的な考え方が必要となる．これらを考察するために，空間の3次元と時間の1次元を合わせた4次元の時空間を考えることが自然である．時空間を表す幾何は数学としてハーマン・ミンコフスキーによって研究されていた．これについては17章で詳しく説明しよう．

すべての動きが相対的であるという考えは，速さの問題ではなく，速度の変化，すなわち加速の問題を引き起こす．自分の速度が変化しているということを観察者は判断できるだろうか．誰でも知っているように，自動車とか飛行機で急激に加速すれば，座席へ引き戻される力を感じるだろう．体感した力は実在するので，多分，加速も実在するだろう．では，どうやってそれを測定したらよいのだろうか？まわりに星のない深い宇宙を飛行している宇宙船内にいるとして，その宇宙船が気づかずに右にカーブしていると想像してみよう．多分，左へ引かれるのを感じるだろう．では，それと重力との区別が付くだろうか．アインシュタインが気づいたように，それらに違いはないのである．この二つの力は判別不能であり，このことからアインシュタインは曲がった時空間を考えたのである．初期のミンコフスキーの幾何学は曲がっていないが，重い物体の重力の影響で曲がってしまったのである．ちょうど，重たい人がマットレスを弛ませるのと同じである．

最初に発表された特殊相対性理論は，重い物体によって歪んだ時空間を考えた一般相対性理論へと発展し，太陽の周りを回る水星の変則運動(近日点移動)を説明するのに利用された．一般相対性理論は物理学に受け入れられるが，アインシュタインは，重力と電磁気が同じ基本原理上で理解されるのを望んだ．最近出されたリーの伝記の一つの中に書かれているように，「エリ・カルタンがこの議論におけるアインシュタインの最も重要なパートナーの一人だった。一九二九年一二月から一九三〇年二月までの三ヶ月間に二六回手紙をやりとりしており、アインシュタインはエリ・カルタンから数学的な専門知識を教わっていた。しかし、カルタンが与えたリー群の表現に基づいた宇宙の一般的な表示という理論的な解釈は、アインシュタインにとって魅力的なものではなかった」。ここで、「群の表現」とは、群が高次元の空間に作用する方法を意味する。リー群の表現は量子論では本質であり、電子が原子中にどのように配置されているかを理解するのに不可欠だった。

他の素粒子も同じだが、電子は奇妙な性質を持っている。電子は粒子と波の両方の性質を示すのである。まず、粒子の立場から説明しよう。電子は負の電荷を持っており、原子模型の中では、電子は正の電荷を持つ核の周りを非常に小さく回っている。デンマークの物理学者ニールス・ボーアは、実験の結果と調和する原子模型を作成した。素晴らしい模型だが、一点だけ矛盾する。古典物理学に従えば、電子が曲がって動くと放射線を出し、電子のエネルギーを減少させる。そうすると、ボーアの原子模型では、電子は核の周りを回っているので、次から次にエネルギーを失い核の中へ落ちて行くので、電子と核からなる原子はすぐに消滅する。この問題は、エネルギーが連続的に減少するのではなく、エネルギーの最小定量の倍数だけ放射できると仮定することで克服された。電子はエネルギーとか軌道パターンを徐々に変更することはなく、小さいが量子単位の倍数での跳躍だけがあると考えることで、電子が核の中に螺旋《らせん》状に落ちていくことがなくなる。最低のエネルギーレベルの軌道まで落ちて、それ以上は落ちないのである。

量子単位での跳躍は、連続性の考えを破壊し、連続であるリー群が役に立たないということを示唆する。ところが、素粒子は波としての性質も示すので、リー群は量子論において非常に役に立つ。電子は波として現れ宇宙に伝播する。一方、それと同時に粒子でもある。一個の電子をつかもうとすれば捕まえることができる。波と違って、電子の一部だけを捕まえることはできない。不思議なことが起こっているのが量子論であり、不可解な領域である。ニールス・ボーアが言ったように、「量子論に衝撃を受けない人がいれば、理解していないということだ」。時が経てば、量子論は理解し易くなると期待したが、今は亡きリチャード・ファインマンが一九六七年に論評の中でこう述べている。「誰も量子力学を理解していないと言ってよいと思う。」

電子の波としての性質は、電子が原子核の周囲を回る時に顕著で、それは太陽の周囲を回る惑星とはまったく似ていないということだ。電子を原子核を取り巻く波として扱わなければならず、リー群が必要となる。原子は球の対称性を持っており、3次元空間における回転のリー群が電子軌道の構造において重要となる。最も簡単な場合では、電子の軌道は球対称性を持ち、電子は風船の表面のように原子核の周りに張り付いている。

二個の電子は同じ状態で同じ場所にいることができないという非常に重要な原理がある。電子はエネルギーとスピンによって区別される。電子は常に一方向と逆方向のどちらかにスピンしており、物理の言い方をすれば、上スピンと下スピンのどちらかである。それゆえ、先に述べた原理を原子内で考えると、同一軌道は同じエネルギーを持つことを意味するので、異なるスピンを持たない限り、一つの軌道に電子はたかだか一つということである。軌道が球対称な時には二個の電子が同一の軌道上に入ることが許される。一つは上スピンで他方は下スピンである。

回転の群は球対称な軌道を変更しないので、群の作用はスピンに関する1次元であると考えられるが、大きな原子の場合にはほとんどの電子軌道は球対称ではない。その場合、回転群は電子軌道を変更させ、群の作用は1次元より多くなって自由度の次数が2以上となる。この自由度の次数、数学的には作用している空間の次元のことであるが、奇数1、3、5、7…でなければならないことが3次元の中の回転のリー群に関する数学的な事実から出てくる。

自由度の各次数に対して、ちょうど二個の電子があり、一つは上スピンで、もう一つは下スピンである。3次の自由度があれば、六個の電子が許され、それらが電子軌道と呼ばれるものを形成する。自由度の次数が奇数なので、各電子軌道の電子の個数は奇数の2倍となる、2、6、10…である。たとえば、10の場合には、3次元における回転の群は5次元空間への作用を持つので、一〇個の電子によって満たされた電子軌道の存在が数学的には可能だということを意味している。

電子軌道のサイズとして出てくるこれらの数は、原子の周期表の作成において決定的である。[1] 言いかえれば、3次元の回転の群の数学的性質が原子の構造を決定しているわけである。

これはリー群の応用の一例だが、量子現象に使われる他のリー群もある。物理学者は、自然界には四つの基本的な力があると信じている。重力、電磁気、弱い核力、そして強い核力である。最初のものはアインシュタインの一般相対性理論によって記述されたように、時空間を曲げる。他の三つは量子的な力で、物理学者は、各々にリー群を結びつけ、「ゲージ群」と呼んでいる。

電磁気のゲージ群は1次の自由度を持っており、一つの素粒子(光子)が力の媒体として働くという事実に対応している。中性子を安定させている弱い核力に結びついているゲージ群は3次の自由度を持ち、力の媒体として働く三つの粒子に対応する。原子核を結合させている強い核力は、8次の自由度を持つゲージ群を持っており、これは、力の媒体として働く八つの異なるグルオン[2]に対応している。

物理学者が理解したいものの一つは、これら三つの量子力学的力である強い核力、弱い核力、そして電磁気の間の関係である。重力を量子的に捉える量子重力に関する理論がまだないので、重力はこれら三つとは別の問題と考えている。我々の宇宙が始まった時にはこれら三つの力はもともと同一の力であり、それらが変化したものとみることで、量子現象を深く理解できるだろうと、物理学者は期待している。そのためには、個々のリー群を大きなリー群の中に埋め込むことが必要である。そんな方法はたくさんあるのだろうが、もし正しい埋め込み方がわかり、実験によって証明されたら、すべての基本素粒子の間にあるより深い対称性が見つかるかもしれない。

量子論が一九二五年に最初の研究雑誌に掲載された時、新しい進歩がドイツ中にわき起こった。当時、ドイツは数学と物理の一大中心地だった。しかし、科学における進んだ新しいアイデアを作り出す環境は長くは続かなかった。一九三三年にヒトラーが政権を握り、ナチの政府はすぐに知識階級を破壊した。ナチの大臣が一九三〇年代にゲッチンゲン大学を訪れて、当時大学の学長だった有名な数学者ダーヴィト・ヒルベルトに、「ユダヤ人の影響を無くしたいま、数学はどうなっているか」と尋ねたことがある。

ヒルベルトの返答は、「ゲッチンゲンに数学はありません」というものだった。実際、それはドイツが長く数学の最高峰であった時代の終焉だった。ちょうど、アメリカのプリンストンで高等研究所が設立され、最高級の研究者が何人もそこにやって来た。たとえば、アルバート・アインシュタインもヘルマン・ワイルも、もとはゲッチンゲンにいた人たちである。ワイルは、リー群の偉大な擁護者であり、物理学での利用を提案した人であった。

数学の世界における重心が少しずつ変わってきていた。しかし、この重心の移動が起こる以前から、我々の話にとって重要な進展がアメリカで起こっていた。

（1）（訳注）元素周期表を見ると、最初だけ二個、水素とヘリウムでそれ以降は2＋6＝8や2＋6＋10＝18が並んでいる。

（2）（訳注）強い相互作用をもつ素粒子（ハドロン）を構成しているクォークを結びつける力を媒介する粒子のこと。

7 有限に向かって

無限ならすぐにできるが、有限は、少し時間がかかる。

スタニスワフ・ウラム（一九〇九～八四）

5章と6章で述べた変換のリー群は、有限サイズの単純群の多くを構成するための原型を提供することになる。哲学的な意味で、これは驚くべき事実である。なぜなら、リー群は連続を含んでいるため、ある数字を徐々に大きくしたり、小さくしたりするのと同様に、他のものを徐々に変形させる変換を含んでいる。それゆえ、リー群は無限個の変換を含んでいるのである。一方、我々の目標は有限個の変換からなる群である。リー群を原型とする有限のものはレオナード・E・ディクソンという若いアメリカの数学者が構成した。

ディクソンは、シカゴ大学数学教室の最初の大学院生だった。現在では、シカゴ大学数学教室は世界のトップクラスの数学教室である。一八九六年、博士号を得たばかりのディクソンは、さらなる研究のためにパリやライプチヒを訪れていた。そしてパリで若いエリ・カルタンに出会う。リー群のキリング－カルタン分類のカルタンである。さらにライプチヒでは、リーとエンゲルに出会っている。ちょうど、彼らの大きな三巻の論文が発表される直前のことだった。パリとライプチヒは、リー群を学ぶのに最適の場所だった。ディクソンはアメリカへ戻った時、リー群の周期表にあるほとんどの群のタイプに対応する有限群の構成法を考えていた。結果的にこの構成法が膨大な数の単純群を提供することになる。

これを達成するために、ディクソンは通常の実数の代数系を有限個の数からなる代数系に取り替えた。この有限代数系は実数と同じように四則演算の意味で閉じていなければならない。言いかえれば、この有限代数系において、二つの数に対して通常の演算(和、差、積、商)を行っても、同じ代数系の数でなければならないということである。数学用語では「演算で閉じている」という。そんなことが有限代数系でも可能だということを見ていこう。

どのような算術においても、有限であろうとなかろうと、0と1はあると考える。我々の代数系が加法を許すなら、1＋1、1＋1＋1、1＋1＋1＋1などがすべてその代数系に含まれていることが必要であるが、もしそうであれば、無限に多くの数が出てくるように見えるだろう。では、有限の代数系で閉じていることができるのだろうか？　一見、不可能に見えるが、すでに一つの例を知っている。

時計の一二個の数字では、右回りの方向に動くことで1を加え、左まわりに移動することで、1を引く。たとえば、時計では、9＋5は2となる。つまり、9時から5時間経過すれば2時である。引き算の例として、9時から5時間戻れば、4時となり、式は9－5＝4になる。これは9時から5時間戻る時、12時の点を通らないため、通常の算術と同じである。もし12時の点を通るなら、たとえば、5時から9時間戻る時、8時で、等式5－9＝8となる。慣れないうちは奇妙に見えるだろうが、ここで述べたいのは、時計の一二個の数字は、足し算をしても引き算をしてもその中に値をとるという、すなわち、足し算と引き算で閉じている有限代数系を作っているということである。これを周期12の算術と呼ぶことにしよう。

もちろん、12が特別なわけではない。どんな整数に対しても同じようなものを作ることができる。7を使って周期7の算術を作ってみよう。

七つの数0、1、2、3、4、5、6を円形[1]に並べる。円に沿って、右回りは足し算、左回りは引き算とすることで、足し算と引き算ができる。たとえば、周期7の算術においては、$4+5=2$である。実際、4から五つ右回りすると2になる。また、引き算の例としては、$4-5=6$となる。実際、4から五つ左回りすれば6になる。

かけ算も同様である。二つの数字を掛けて、7を超えたら7で割ってあまりを考えるのである。たとえば周期7の算術では、12は5と同じなので、$3\times4=5$となる。初めて見た人には奇妙に見えるが、慣れればそれほどでもない。

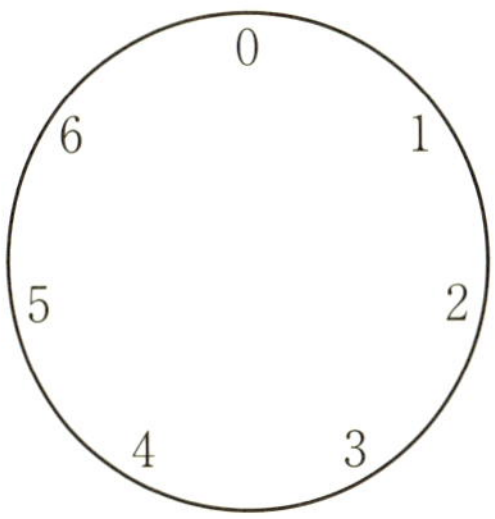

図12

だが、わり算はもっと驚くと思う。まず、わり算とは何かをしっかり理解しておこう。私が子供の時、初めて$6\div3=?$という質問をされた時、当惑した。だが、先生が単に3倍して6となるものを探せばよいということを教えてくれ、すぐにわり算はかけ算表を使って、逆に求めると解けるということがわかった。わり算は難しいものと思われているが、答えを求めるのは易しいのである。

この例では12の代わりに7を使っているが、12より7の良さがある。理由は7が素数だからである。素数というのは、約数が1と自分自身の二つしかない数のことである。素数と素数以外とでは、かけ算をする時に大きな違いが生じる。たとえば普通の時計の盤面では、12は0と同じなので3×4=0になる。ゼロでないものを二つ掛けて0になっている。これではわり算をする時に問題が起こる。3×4=12=0なので、0を3で割ると4と理解できるが、一方、3×0=0なので、0÷3=0と理解することもでき、答えに困ってしまう。そこで、数学者は、7のような素数の周期に対する算術の場合にだけ、わり算を考えることにした。

周期7の算術でわり算をしてみよう。6÷3は何か？当然、2である。では、5÷3はいくつだろう。割れないと思ったかもしれないが、答えは4である。なぜなら周期7の算術の表を見ると、3×4=5だからである。これは5÷3=4であり、5÷4=3ということも意味する。前もってかけ算の答えを知らないと計算できないのかと心配される方のために一般的な方法があることだけは述べておこう（囲み参照）。

有限の算術を使うことで、数学者は実数に依存している連続的なものから有限のものに視点を移すこ

周期 p の算術のわり算

ある数 m を n で割る場合に，まず $1\div n$ を求めておけば，$m\div n$ は

$$m\times(1\div n)$$

である．また，n を $p-1$ 回掛けると1になる．よって，n を $p-2$ 回繰り返し掛けると

$$n^{p-2}=1\div n$$

となって，$1\div n$ が求められる．

この方法では，p が素数ならば常にわり算が可能である．もちろん，0で割ることができないので，0以外の数でのわり算である．

とができる。望遠鏡が天文学の基本であるように、有限の算術は数学の基本である。ディクソンが実行したのは、リー群をこの有限の算術という望遠鏡で覗くことだった。彼は系列A、B、C、Dを扱った。理由は、それらがユークリッド空間の中の対称群として扱うことができるからである。彼は、実数を周期pの算術に落とすとともに、これらのユークリッド空間における対称変換を有限の算術で定義される対称変換に模写したのだ。5章で説明したように、リー系列のAには、A_1、A_2、A_3などと表示される対称群がある。これらの個々に対して、$p=2, 3, 5, 7, 11, \ldots$などの各素数ごとに、一つの有限サイズの群を構成したのである。つまり、各素数pに対して、タイプA_1の群があり、同様に、各素数pごとに、タイプA_2の群がある。素数は無限個あるので、各々のリー群に対して無限個の単純群が構成できるのである。

ただ、これらの群のいくつかは新しいものではなかった。たとえば、ジョルダンは、一八七〇年の論文で、A系列に周期的算術を利用しており、ガロアもタイプA_1に対して行っていた。ガロアもまた周期的算術をより一般的なものに拡張しており、それで、彼の名前をとって、ガロア算術と呼ばれることもある。

A、B、C、D系列のディクソンの単純群は古典的な単純群をほとんど網羅しているが、すべてではない。彼は後に古典的でないケースを二つ扱っているが、すべてのリー系列を統一的に扱う方法は、ディクソンの本から半世紀待たなくてはならない。

話が少し変わるが、数の有限代数系が現代の電子世界において非常に重要な役割を果たす例を紹介しておこう。

数の最も単純な有限の代数系は周期2の算術である。これは二つの数0と1だけを持っており、1＋1＝0になる。1を偶数回足すと0になり、奇数回足すと1である。この二つの数からなる代数系で、足し算、引き算、かけ算、わり算ができる。わり算に関しては、0ではわり算をせず、1で割るだけなので意味はない。たった二つの数しか持っていない代数系というのは、簡単すぎて重要でないと思うかもしれないが、実際には、この周期2の算術は非常に重要である。たとえば、コンピュータは0と1の列を使って動作している。

クレジットカード番号、スーパーマーケットで目にするバーコード、そして他の多くの数字の列は、すべて1と0の列に変換してから電子的に読みとられ、処理される。これらの数を読み込む時、当然読み間違いの可能性があるため、少しぐらいの間違いでは問題が起きないように「余剰」が組み込まれている。たとえば、バーコードの最後の桁は「検査数字」である。もしそれを変えたり、またはコードの中の数字の一つを読み間違えたりした時には、バーコードは間違いと判断して無効となったり、そのバーコードを持つ品物はないと判断したりする。仮にあなたが自分のクレジットカード番号の一つの数字を変えたとしたら、その番号を持つクレジットカードはこの世には存在しないということになる。

余剰が組み込まれているということは、可能な数の列をすべて使っていないということである。我々が使っている数の集まりは、単純なエラーや読み間違いを即座に訂正できるように選ばれている。エラー訂正機能の方法の一つに、幾何を利用したものがある。考え方を説明しておこう。使っている数字の列がすべて、3次元空間の中のある一つの平面の中の点と対応していると考えてみてほしい。もしその点を読んだり受け取った時に、その受け取った点が平面からはずれていれば、エラーがあったことがわかり、その受け取った点に一番近い平面の点に戻して訂正する。この方法が周期2の算術に対しても使えるのだ。ただし、高い次元を考える必要がある。

なぜなら、通常の3次元空間では、各点は三つの座標を持っており、各座標は実数なので無限個の点を含んでいる。しかし、周期2の算術で3次元空間を考えると、各座標は0か1だけなので、3次元には、八つの点(0,0,0)、(0,0,1)、(0,1,0)、(0,1,1)、(1,0,0)、(1,0,1)、(1,1,0)、(1,1,1)しかなく、これでは普段使うには少なすぎる。たとえば、私のクレジットカードは、1と0からなるコード番号を持っており、54桁だ。このような数列は、54桁の表示を持つ点を表しており、54次元空間の点なのである。

数学の実際的な応用のためには、高次元空間が非常に重要であり、モンスター群へ進む過程でもう一度出会うことになる。ところで、ここで対称性の研究である群論がフランス、ドイツ、ノルウェーそしてアメリカだけのものでなくなったことを強調しておこう。イギリスが加わり、ウィリアム・バーンサイドが大きな貢献をする。彼は一八五二年に生まれ、一九二七年七五歳で亡くなった。

バーンサイドが四歳の時、父親が亡くなり、苦しい生活になった。しかし非常に頭のよい子だったので奨学金を受け、貧しい家庭の少年少女だけを受け入れるクライスツホスピタルに進学した。その学校は一六世紀に建てられたもので、ロンドンの家のない子供たちを救うために、ロンドン市のフランシスコ会修道士の僧院を学校にしたものである。その学校は、貧しくつらい目に遭った子どもたちを教育する使命を持っており、クライスツホスピタルに入学するための奨学金を受けるというのは名誉なことであった。
バーンサイドは一八七一年までそこで勉強し、ケンブリッジ大学へ進んだ。学位を受けた後、一〇年間数学の指導を行いながら、余暇には好きなボートに乗って過ごした。しかし、この時期の後半に、研究論文を発表するようになり、三三歳の時、グリニッジ海軍兵学校の教授になっている。バーンサイドは当初、群論に興味を持っていなかったが、群論の論文を書き始めると、その貢献は素晴らしいものだった。一八九七年、彼は後に数学の古典的名著となる『有限位数の群の理論』という本を出版した。序文に、次のように書かれている。

ここで扱っている題材は、古くから興味を持たれているものですが、我が国においてはほとんど注意を払われておりませんでした。この本によって、研究すればするほどより魅惑的になる純粋数学の分野にイギリスの数学者の関心を引き起こすきっかけになれば大いなる幸いです。

バーンサイドは優れた業績を生み出し続けた。一九〇四年には、「分解できない」群、すなわち、単純群に関する重要な定理を発表する。この定理は、もし「分解できない」群が素数サイズの巡回群でなければ、そのサイズは少なくとも三つの異なる素数で割れるというものである。たとえば、最もサイズが小さい単純群のサイズは60であり、これは素数2、3、5で割れる。次に小さい単純群のサイズは168であり、これは2、3、7で割れる。バーンサイドはこれが一般的に正しいということを証明した。群が素数サイズの巡回群ではなく、しかもそのサイズを割る素数がたかだか二つなら、その群は「単純」ではなく、合成したものとなるわけである。

この「バーンサイドの定理」は、一〇〇年以上たった今日においても有名であり、数学が他の分野よりも不朽の結果を残す機会に恵まれていることを示している。定理は一度証明されると永久なのだ。バーンサイドの定理はそれまでの類似の結果をいろいろ含んでいる。含まれた結果は正しいものであるが、当然忘れられてしまう。彼を含む何人かの研究者が、一九世紀後半を通して、上の結果の特別な場合を証明している。しかし、一九〇四年のこの新しい定理はこれらの初期の仕事を圧倒し、美しい方法で証明された。ある数学者が最近書いたように、「バーンサイドの証明は非常に短く洗練されている。これは群論の偉大な珠玉の一つである」。他の証明法も多大なる努力の後に一九六〇年代から一九七〇年代の初めにかけて見つかった。しかし、これらの証明は、短いものであっても、気品やわかりやすさの点でバーンサイドの証明と太刀打ちできるものではなかった。

気品と明瞭さは優れた数学には不可欠である。バーンサイドは、後で出てくる「指標理論」と呼ばれる精巧な新しい技術を使った。一方、他の証明は上品さに欠けていた。というのも、それはこれらの著者たちが「指標理論」を回避しようとしたからである。それは現代の利器である飛行機を使わないでヨーロッパから中国へ旅行するようなものだ。それは可能だし、それ自身楽しい旅行になるだろうが、非常に長い旅になってしまう。

定理の証明を通じて数学は進歩するが、定理を証明するための新しい方法を開発することでも進歩する。証明するための新しい技術を見つけることも数学の肝心なところである。新しい技術は新しい領域を開き、技術的に難解な結果の中に、より深い真理を見いだすのを助ける。

単に定理を証明するのではなく、そのような技術を開発した数学者たちがいる。最も有名なのは一七世紀に微積分を開発したニュートンとライプニッツだろう。ニュートンは、微積分学と彼の考え出した新しい重力理論を使って、太陽の周りを周回する惑星の運動を、軌道の形だけでなく速度なども正確に説明した。それ以来、微積分学は多くの問題に対して利用され、数学の本質的な部分になった。バーンサイドが使った指標理論は、微積分よりは専門的だが、非常に有用な手法である。それについてはモンスターへの道の途中でまた述べることにしよう。

さて、ディクソンの仕事から出てくる単純群の周期表に戻り、抜けている部分がどのようにして見つかったかを話すことにしよう。

（1）（訳注）数字を環状に並べる。これを数の環と呼び、足し算、引き算、かけ算の算術を持つ代数系ができる。

8 戦争の後で

構造は数学者の武器である。

N・ブルバキ（一九三五～）

二〇世紀初頭の一九〇一年に、ディクソンの最初の本『線形群』が出版され、その中にガロア体の理論の説明とともに有限単純群の表が掲載されていた。しかし、リーの変換群を原型として考えるなら、表は不完全だった。ディクソンは、連続した変換群がA、B、C、D系列などの古典的系列の場合には、それに対応する有限の群を構成した。しかし、これ以外にもリーの変換群があり、例外系列と呼ばれている。ディクソンは後に例外系列に対しても部分的な構成を与えたが、完全ではなかった。

シカゴ大学でのディクソンの仕事は一九〇〇年に始まり、三九年間継続していたが、彼は徐々に別の方面に興味を持つようになっていった。彼は一八冊の本および何百もの研究論文を発表し、五五人以上の博士課程の学生を指導したが、例外系列のリー群は完成できなかった。ディクソンが退官した一九三九年には、ヨーロッパで戦争が起こり、数学者の関心は、純粋数学から離れていく。政府は、戦争のために数学者を緊急に必要としていたのである。そのため、第二次世界大戦の終了まで、問題は残されたままだった。

解くべき問題は、リー群のすべての系列に対応する有限の群を構成する一般的方法を見つけることである。その問題の一部は曲面を扱うことだった。リー群の持つ幾何学的構造は通常曲がっている。曲面を扱う方法としては、世界地図を描く時のように、平面で近似することである。リー群の系列を分類したキリングの方法はまさにこの方法を使っていた。平面による近似は、通常の地図のように緯線と経線に似た余分なデータを持っている。しかし、有限の算術を使う場合には、地図は単なる有限の部分の集まりに分解され、つながりというものがないので、どう組み立ててよいかわからないのである。ディクソンの最初の構成から五〇年経ったが、解法が得られていなかった。

平らな近似を得る方法は、一七世紀に最初ニュートンとライプニッツによって開発された数学の一分野である微積分を使う。たとえば、曲線を考え、その上の1点をとる。この点の平らな近似が接線である。微積分学を利用すると、これらの接線の方程式を見つけることができる。学校で学ぶ方法では、極限操作を使う。接線を求める点と近くのもう1点で、曲線と交差している直線をとり、徐々に、2点を近づけていくと、最終的にできる直線が接線である。しかし、この方法を実数ではなく有限の算術を使って考えると問題がおこる。有限の算術では、徐々に近づけるということができない。そのため、他の方法を考える必要がある。

このような古い数学問題を解くための新しい方法を見つけるには、まず第一に、その問題を考えるために使用している方法を疑ってみることである。新しい方法は、単に場当たり的なやり方で発展させるべきだろうか？　それとも首尾一貫した公理系を形成し、そこから数学の新しい領域を開発するべきだろうか？　行動としては、後者はユークリッドが紀元前三〇〇年に数学の『原論』を書いた時の方法に似ている。彼は、幾何学への公理的研究を確立し、それが現代の主流になっている。これを現代数学に対しても使えるだろうか？

ある程度まで、答えは「イエス」である。公理的な方法で数学を進めるための戦いに向かった男は、普仏戦争のフランスの将軍の名前を冠している。この戦争は、一八七〇年に起こり、リーとクラインがパリを脱出する原因になった戦いである。将軍の名前はブルバキと言った。二〇世紀半ばに、彼と同名の人物が『数学原論』と呼ばれる一連の本を作成するために尽力した。

これらの本は数学の多くの分野に対して、抽象的、論理的なアプローチを発展させた。背後にある思想は、一九四九年三月に発表された初期のブルバキの論文に載っており、数学的論理学者にこう呼びかけている。

> この演説を行うために招待していただき、記号論理学会に非常に感謝しています。と同時に、私は名誉に値することはほとんどしていないということを知っています。私が表現しうる以上に多大な貢献をしてくれた若い協力者たちの支援によって、これまでの一五年におよぶ我々の努力は数学のすべての基礎分野を統一的に解説するという方向に完全に進んできており、望む限りのしっかりした基盤を提供しております。

このスピーチは美しい英語で書かれている。ブルバキの若い共同者はすべてフランス人で、本もフランス語だが、その多くがアメリカで働き、何人かは今もアメリカに残っている。この論文で、ブルバキは、ナンカゴ大学（ナンシーとシカゴの中間にあるというブルバキの勤める架空の大学）、ナンシー大学とシカゴ大学に感謝の意を表している。シカゴ大学は私が勤めている大学である。お気づきかもしれないが、ブルバキというのは、ペンネームで、数学の本流に対して新しい公理的取り組みを与えようとしたフランスの数学者たちによる小さな秘密結社が付けたものである。彼らの仕事は一九三〇年代初頭にはじまり、後にブルバキ計画に参加したアーマンド・ボレルは初期の頃のことを次のように述べている。

三〇年代の初めのフランスにおける数学の状況は、大学においても研究においてもかなり不満足なものだった。フランスは、第一次世界大戦によって、まるまる一世代の研究者を失っていた。海外の発展、とくに、ドイツのゲッチンゲン、ハンブルグ、ベルリンなどで繁栄している研究に関する情報に乏しく、若いフランスの数学者たちはそれら研究の中心地を訪れ、その差に驚いていた。

第一次世界大戦によって、多くの若い数学者が最前線に送られて死んでしまい、フランスにおける数学研究に悲惨な影響を与えた。フランスの数学で最も有名な大学の戦時記録を見ると、学生のおよそ三分の二が戦争で殺されている。対照的に、ドイツでは、若い数学者は科学的な仕事に回されており、平和が戻った時、彼らは再び大学を活気づけた。ブルバキの創立者のうちの一人で、5章の中で出会ったあの有名なエリ・カルタンの息子でもあるアンリ・カルタンは次のように書いている。

第一次世界大戦の後、科学者はほとんどいなくなっていました。フランスの良い科学者という意味です。なぜなら、彼らのほとんどが殺されたのです。我々は戦後の第一世代でした。我々の前には何もなく、すべてを作り出す必要があったのです。私の友達の何人かは外国へ、とくにドイツに行き、そこで何が行われているか観察してきました。これが数学再生の始まりでした。

ブルバキの仲間は最初、二人の若い数学者から始まった。アンリ・カルタンと二〇世紀の最高の数学者の一人になったアンドレ・ヴェイユである。一九三四年のことである。彼らはストラスブール大学の准教授だった。彼らはある主要な授業の教科書がいろいろな意味で不適切であることに気づいた。カルタンは講義で題材を掲示する一番良い方法は何かということを絶えずヴェイユに聞いていた。それがたびたびなので、ヴェイユはカルタンのことを「宗教裁判長」と愛称で呼んだほどである。そしてその年の冬、ヴェイユは、カルタンに自分たちで教科書を書こうと提案した。ボレルが書いているように、「この提案はまわりに受け入れられ、すぐに一〇人の数学者が定期的に集まって本を書く計画を始めた」。本の執筆を計画するために最初の仲間たちの気軽な集まりがパリのカルチエ・ラタンのカフェ、カプラードで開かれた。最初の計画は素朴なものだった。彼らは、二、三年で数学の本質の部分を書き上げられると信じていた。一九三五年の夏には、最初の会議を開くが、その後第1章を書き上げるのに四年を費やすことになった。

ブルバキの会はすべてフランスで開催されたが、その内容は尋常ではなかった。私が最初に述べたボレルは、会議の進行が論争的だったことに驚いて、次のように述べている。「最初の晩の印象を簡単に述べると、想像を絶する状態で、二、三人が勝手に金切り声で叫び続けていた。」確かに、カルタンやヴェイユと一緒に、ブルバキの最初から参加したジーン・ディユドネは、ボレルが述べた次の印象の通りだったと述べている。

ブルバキの会に観客として招待された外国人たちは、狂人の集いだと言っていた。ときどき、三、四人、同時に叫ぶという状態で、彼らには、本当にブルバキの人たちが知的なものを追求しているとは信じられなかったようである。

ブルバキの会は一種の組織された混乱だった。しかし、その状態で機能したのである。そして本は次々と書きあげられていった。ブルバキという名前に関して、アンドレ・ヴェイユは次のように説明している。彼と数人の共同執筆者がパリにいた時、ストラスブール大学には一年生は参加するように言われていた毎年開催のちゃかし講義があった。上級の学生があごひげを付けて教授の振りをし、何を言っているのかわからないようなアクセントで講義をする。彼は、素晴らしい結果を紹介するのだが、そこで述べられている定理を、実際には正しくないが、一部の学生には正しいと思える方法で証明するのである。そして、その講義で最後に証明される定理が「ブルバキの定理」と呼ばれていた。ヴェイユらはこの名前を喜んで自分たちの組織名として選んだ。ブルバキの名はギリシア由来のもので、ヴェイユの妻がそれにあうニコラスの名を選んだ。こうして、ニコラス・ブルバキが誕生した。

もしブルバキが大きな研究所を持っていたり、分配できる大規模な研究助成金を持っていたなら、若い多くの共同研究者と一緒になって、ブルバキが第一著者である研究論文を多数書くことができただろう。しかし、数学では、このようなことは普通ではない。ほとんどの数学論文の著者は一人なのである。もし、二人で共同研究をするなら、共同で発表し、名前はアルファベット順に掲載される。そこには年齢も、誰が最初の提案者であるかも、誰が最も大切な部分を解いたかも関係ない。共同で作業する限り、対等なパートナーとなる。もちろん、誰かが一人で研究したのなら、たとえ助言や支援を受けたとしても一人で論文を出版する。たとえば、学位指導教官のような年上の数学者の指導の下で研究している若い数学者は、指導教官やいろいろなアイデアや提案をしてくれた人たちに対して、単に感謝の言葉を書くだけである。

ブルバキ初期の共同執筆者の中で最も若い人物はクロード・シュヴァレーだが、彼はたくさんの論文を単著で発表している。なかでも一九五五年に発表された彼の最も重要な論文の中で、リー群をすべて有限の群に変換するという問題に対する解答を最終的に与えている。

シュヴァレーは南アフリカ生まれで、彼の父親はヨハネスブルグのフランス領事だった。彼はフランスで勉強し、研究を継続するために一九三一年にドイツへ行った。一九三六年にフランスで教えるために戻り、一九三八年にアメリカへ渡った。一九五〇年代中頃、フランスへ戻ろうとしたのだが、彼が戦中や戦後の困難期をのんびりとアメリカで過ごしたので、フランスの一部の数学者が彼を非難するキャンペーンを始めた。しかし、キャンペーンは成功せず、彼はフランスに戻り、一九七八年に引退するまでパリで働いた。シュヴァレーが彼の悪口を言う者たちに対してどのように感じたか私にはわからないが、彼は抽象的な理論が好きで、事実、問題を起こしていた。たとえば一九六八年にパリで学生暴動が起きた時、同年配だった人物は、「シュヴァレーは学生側につき、学生は試験を受けるな、試験は抑圧的だ、などと馬鹿なことを主張しているのに、数学の質に対しては高い基準を持っており、彼自身と彼の学生には非常に要求が厳しかった」と述べている。多分、彼の抽象的な考え方が、彼を初期のブルバキグループの中で最も厳しい人物にしたのだろう。しかし、シュヴァレーは素晴らしい数学論文を発表し、一九五五年の論文は最高の出来だった。

シュヴァレーは最終的に難攻不落と思われていたダムを壊し、すべてのリー群を有限のもとに流し去ったのである。そして、他の数学者たちが下流を整理し始めた。それは若いベルギーの数学者ジャック・ティッツであり、カリフォルニア大学のロバート・スタインバーグもそうだった。ティッツについては後で詳しく話すことにしよう。彼らはシュヴァレーが作り出した群の中に単純群の新しい家族を発見したのである。スタインバーグは論文に「シュヴァレーの主楽章の変奏曲」という題を付けている。

同時に、アーバナにあるイリノイ大学で働く鈴木通夫(1)(一九二六~九八)という名の日本人数学者が、素晴しい発見をした。彼は、あるタイプの中心化群(2)を持つ単純群を研究していて、まったく新しい単純群の系列を発見したのである。中心化群という専門用語については後で詳しく説明しよう。彼の仕事はシュヴァレーの仕事とはまったく別のものだった。そのため、最初は鈴木系列はシュヴァレーが作り出した群の系列とはまったく別のように見えた。しかし実際には、関連していたのである。カナダのブリティッシュ・コロンビア大学の韓国人数学者リンハック・リーが関係を見つけたのだ。リーは、小さなシュヴァレー系列をいくつか含む新しい部分系列を三つ見つけた。その中の一つが鈴木系列である。当時、誰も確信できなかったが、リーの仕事は無限系列の単純群の発見を完成させていたのである。

単純群のこれらの新しい系列はただ発見されるのを待っていただけだったのだ。そして、この時が発見される時期だったのである。あたかも春が到来したかのように、一気にすべてが出現してきた。これは数学の奇妙な現象である。ガウスはそれに関して次のように述べている。「数学における発見は、春に咲く森のスミレのように、自分の花を咲かせるべき季節を持っており、人間がそれを遅らせたり、早めたりできるものではない。」これらの新しい発見の後、専門家の中には、有限単純群の無限系列はこれで終わりだろうと予測している人々もいた。しかし、誰もそれらしい理由を言えるわけではなかった。もし他の系列があるなら、数学者はそれらを見つけなければならないし、また他の系列がないのなら、それを証明しなければならない。そのような証明が徐々に出現していたが、多数の著者による非常に技術的な論文ばかりだった。こうした過程で、他の無限系列は存在しないが、いくつかの例外の群があることが判明した。これらの例外をすべて見つけ、それ以上は存在しないことを示すのは大いなる挑戦であり、この偉大な仕事から、モンスター単純群が最終的に出現するのである。

シュヴァレー、スタインバーグ、鈴木、リーが使用した方法は代数的なものであった。しかし、ベルギーのティッツは幾何学を使っていた。そして、他の分野の数学者たちの中には、より幾何学的なアプローチがこれらのリー型の系列に対して望ましい考察だろうと考える人たちがいた。実際、ディクソンが、*A*系列から*D*系列までの古典的なものはすべて幾何学的に得られることを示しているため、他のものも統一的に得られる幾何学的手法があっておかしくないのである。そして、実際、その手法が存在した。ティッツがかなり長い間その問題を考えていた。

(1) (訳注)世界の群論研究のリーダーの一人。指導や影響を受けた研究者は多く、「日本の群論の父」として慕われていた。

リー系列の単純群の分類は完成していると考えられていた時、ザッセンハウス群という置換の群の研究を通して新しい系列を見つけ、世界を驚かせた。一九九八年肝臓ガン末期であることがわかり日本に帰国。死の直前まで論文を書き続け、遺稿は日本の群論研究者たちによって完成し出版されている。

(2) ある鏡映変換によって動かない対称からなる部分群で非常に重要な働きをする。

9 UCCLから来た男

対称性とは、狭くとっても、広い意味で考えても、秩序や美や完璧を作り出し、それらを理解するための時代を超えた考え方である。

ヘルマン・ワイル(一八八五〜一九五五)

科学技術の分野には、それぞれ専門用語というものがある。医学では、ラテン語やギリシア語などの古典語から用語を作り出している。物理学では、陽子、中性子、クォークやレーザーのように新しい用語を作り出す。数学者は、膨大な数の専門用語が必要なので、あるものは古代ギリシア語からとり、またあるものは新しい言語から採用し、しばしば数学特有の意味を持たせた一般の言葉を使う。

以前、医学を専攻しているいとこと話したことがあるが、彼はこのやり方を合理的でないと感じたようだ。「なぜ数学者は新しい用語を作り出さないんだ？　薬の専門家はラテン語やギリシア語を使って、必要なものを常に作っているのに」と彼は言った。確かに一般に使われる言葉では、誤解される可能性がある。しかし、数学者は医学の人たちとは比べものにならないぐらい多くの専門用語を利用しなければならない。しかも、言葉を使う時、その都度必ずその定義を与える。これは『鏡の国のアリス』にでてくる「ハンプティ・ダンプティ」みたいなものである(この著者ルイス・キャロルもオックスフォード大学の数学者である)。

ある用語は特別な地位を持ち、分野外の人間には理解できない専門の標準用語となる。たとえば、数学者は「建物」という言葉をオフィスとか、住む場所の意味で使われる建物とはまったく違う意味で使っている。それは、結晶状の構造から作られる数学的構造物を指す。たとえば「周期表」中の有限単純群はそれぞれ自分の建物を持っている。この建物は、シュヴァレーや他の研究者が行った代数的な展望とは対照的に、幾何学的に単純群を説明する。

ジャック・ティッツが数学の建物を考え出したのだが、彼自身は建物とは呼んでいなかった。ティッツはブリュッセルの郊外の古い町であるアックルで一九三〇年八月一二日に生まれた。彼は数学的に非凡で、まだまともに話もできない三、四歳の頃から、かけ算、わり算を自由にこなし、訪問客を驚かせた。彼は他の子供たちと同じように、六歳で学校に通いはじめるが、すぐに一年を飛び級し、後に数年飛び級している。

ティッツの父親も数学者だった。「父はいろいろなことを説明してくれましたが、しばらくすると、控えるようになりました。」しかし、幼いジャックは数学に興味を持つのを止めなかった。「私は父の書棚から本をとり、読み始めました。」だが、突然、状況が変わる。「私が一三歳の時、父が亡くなり、家計が非常に苦しくなったのです。学校の先生はこのことを知って、生活費を稼ぐために家庭教師の仕事を紹介してくれました。私は大学の工学部に進もうとしていた四歳年上の人たちの家庭教師をしたのです。」一年後には、ティッツも大学に進んだ。早く進めば進むほど、早く収入を得ることができ、家計を助けることができるからである。彼は一四歳で大学入試に合格し、ブリュッセルの自由大学で勉強を始め、収入を得るために家庭教師の仕事も続けた。現在、ベルギーの首都であるブリュッセルにはフランス人によるものとフランドル人による二つの自由大学があるが、当時は、フランス人のものだけだった。しかし、彼の姓はフランドル語だが母はフランス人だったので、これは好都合だった。ティッツは一九五〇年、一九歳で博士号を取得した。

彼は幾何学的なことに興味を持っており、一九五〇年代の初めには、リー変換群に対して、より幾何学的なアプローチを展開しようと研究していた。前に述べたように、リー群はAからGまでの七つの系列に分かれている。ディクソンはA、B、C、Dの系列とタイプE_6、G_2に対して、内在する幾何を利用することで有限型の群を構成した。ティッツは残りの系列に対しても同じ方法でリー群の有限型の群を構成しようとした。

不運なことに、二〇歳以上年上の経験豊富な数学者クロード・シュヴァレーは幾何学ではなく代数を利用して同じ問題を考えていた。「私は幾何学的な立場で研究していましたが、シュヴァレーは私が持っていなかった効果的な方法を使って、一般の場合について構成を行いました。」すぐに、ティッツや他の研究者はシュヴァレーの結果の変形を作ったが、ティッツはこれらの変形をすべて含む新しい理論を構築しようとした。それが完成された形になるまでに何年もかかった。新しい数学理論には、良いワインと同様に、熟成するまでの時が必要なのである。しかし、建物理論が完成した時、ブルバキ集団のような、素晴らしい数学者たちから、不公平な評価を受けた。それについては後に述べるとして、一体全体、数学における「建物」とは何なのだろうか？

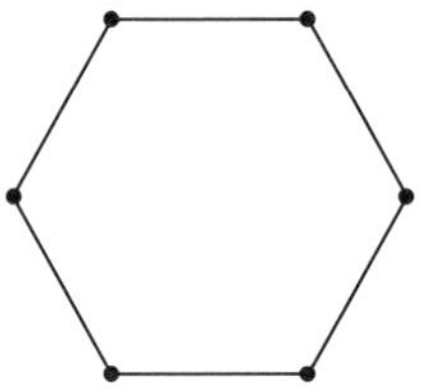

図 13

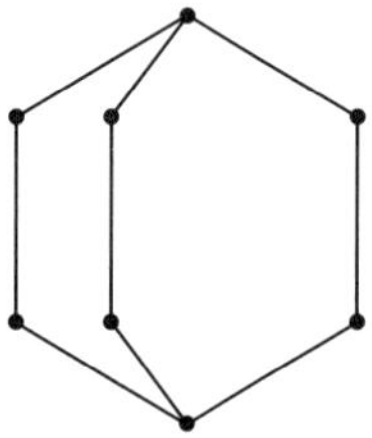

図 14

建物とは、これから説明する意味での多重結晶である。本当は、図を一つ描き、それが持つ壮麗な対称すべてを紹介していきたいのだが残念ながら不可能である。多重結晶とは、交差している宇宙の集まりのようなもので、我々の住んでいる宇宙で多重結晶を表す絵を描いても、それは常に押しつぶされたものにすぎない。残念なことに、ある部分が正しくても、他の部分は正しくなくなり、対称性をほとんど失ってしまう。それで、平坦な2次元結晶に関係した最も簡単な場合だけを紹介する(図13)。六角形(ヘクサゴン)を考えてみよう。これは六つの辺を持っている。

六角形から構成される建物または多重結晶は次の二つの条件を満たす辺のネットワークである。

(i) 六個未満の辺では一周する回路を作れないこと

(ii) 任意の二つの辺を含む六角形の回路(一周する)があること

簡単な例を紹介しよう(図14)。この図では、上の頂点から下の頂点まで長さ3の道が三つある。これらの道のどの二つをとっても、六角形の回路を作っている。全部で三つの回路があり、任意の二つの辺はどれかの回路に一緒に入っている。

この例は単純すぎて、対称性をあまり持っていない。多くの対称性を持たせたければ、次の図15のように、各頂点は同じ数の辺を持つものを考えなければならない。なぜなら頂点が別の頂点に対称変換で移ると同じ数の辺を持っているので、異なる数の辺を持つ頂点同士が移りあうことはない。図15では、各頂点から三本ずつ辺が出ている。これは私のお気に入りの図だが、各六角形は変形されており、そんなに対称性は持っていない。

この図を次のように見てみよう。外周にある一四個の頂点からなるネットワークで、二一辺によって結ばれている。そのうち、一四辺は外周にあり、長い七辺が横切っている。ここで内部の辺同士の交点は無視することにする。図を表示するのはわかりやすい点もあるが、対称性を表示するのには適していない。我々が考えたい幾何は、辺がすべて同じ長さであり、六角形になっているものはすべて正六角形なのである。しかし、そのような絵を描くことは不可能だ。図15には二八個の六角形の回路があり、この図では図16に示したように四つの異なる形になっており、各々が七つずつある。

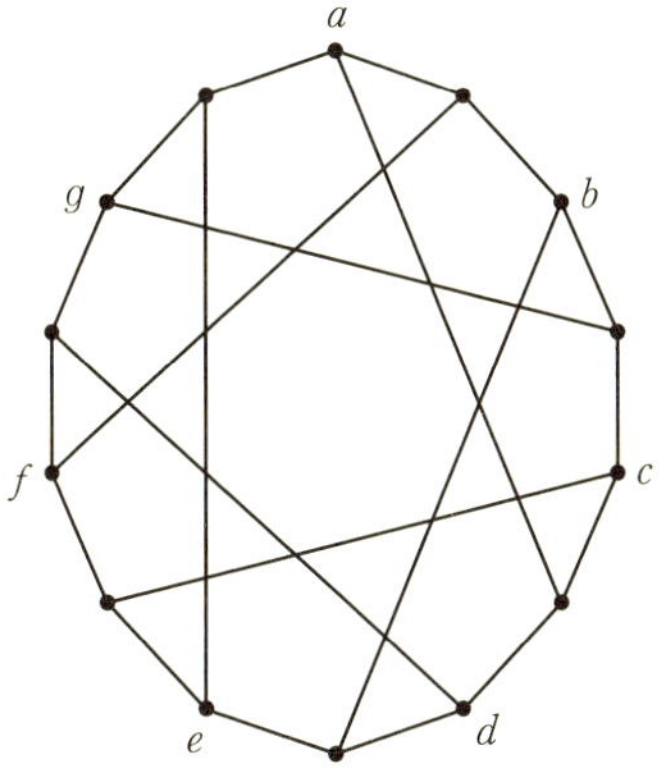

図 15

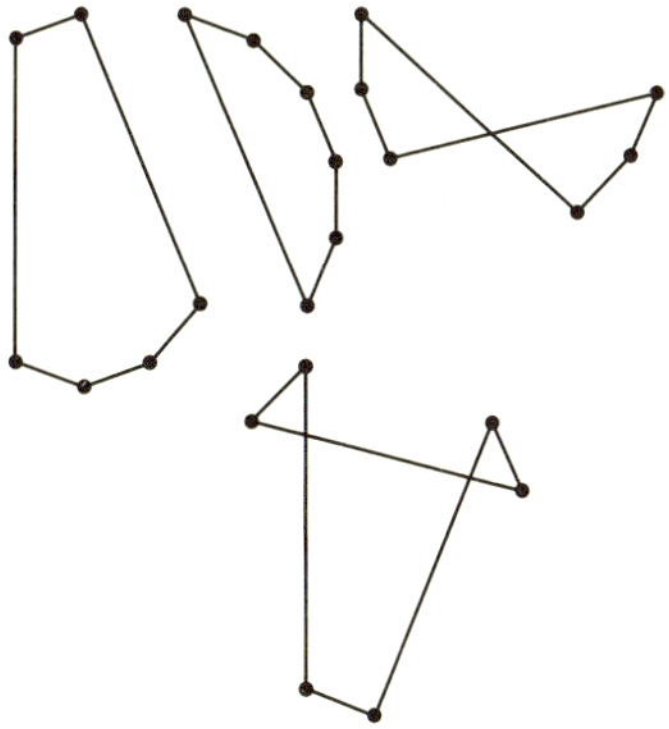

図 16

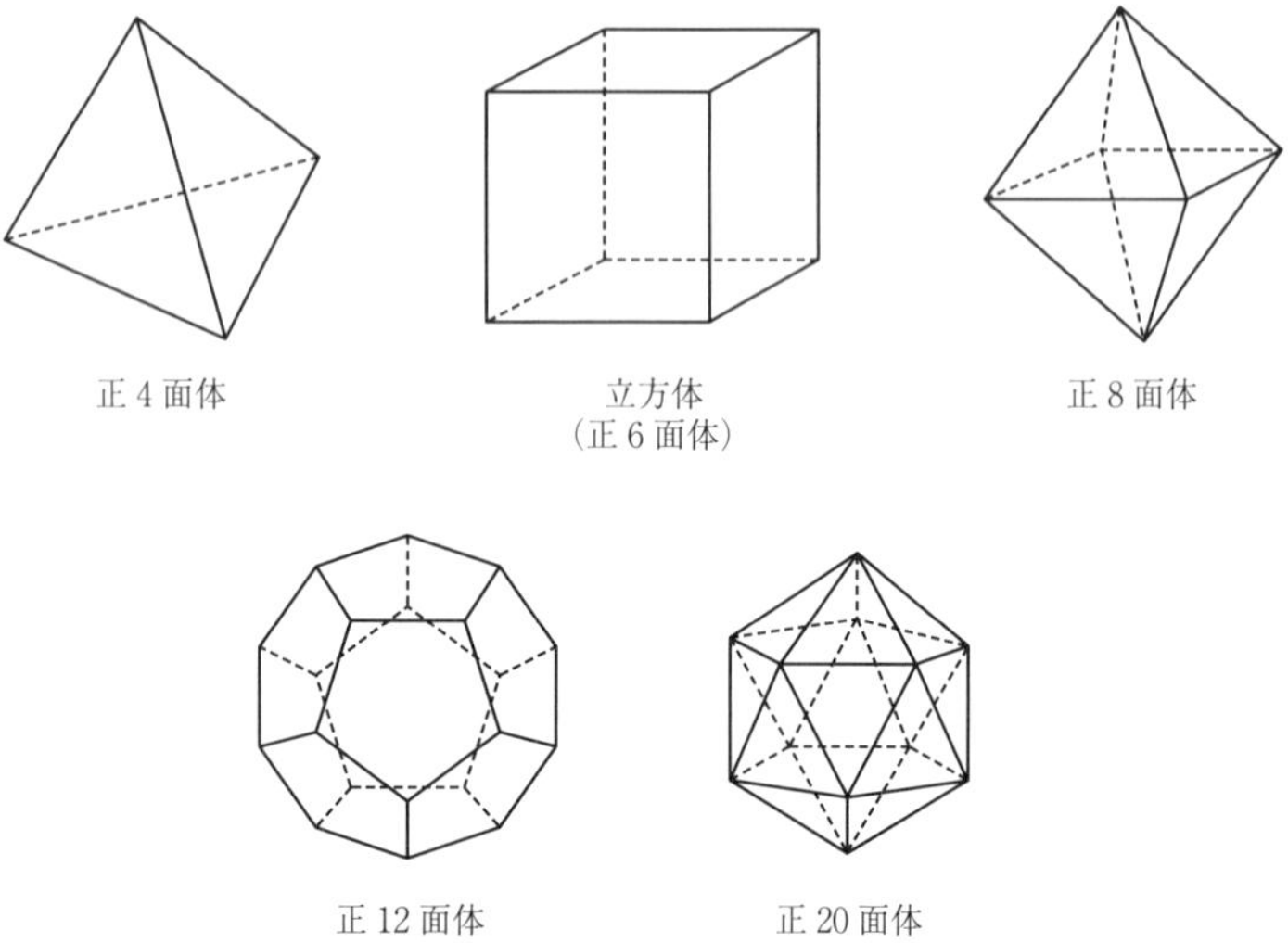

図17

この多重結晶の対称性は見ただけではわからない。ここでいう対称とは、頂点を頂点に動かす置換で、その時、辺も辺に移すものである。言いかえれば、もし、2頂点が辺で結ばれていれば、2頂点が移った先も辺で結ばれていなければならないということである。そして、これらの置換全体がこの多重結晶の対称群として考えるべきものである。

　これを複雑だと感じてくれたら、読者諸君も我々の仲間である。数学者は視覚化するのが不可能な多重結晶を見つけている。それで、多重結晶の一部分だけを見る。たとえば、一つの結晶だけを目で見て、残りは想像力と代数を使って見るのである。

　結晶それ自体はよく知られた形をしている。3次元では、それらは1章で見た正多面体であり、上に示した正四面体、立方体(正六面体)、正八面体、正一二面体および正二〇面体の五種類がある(図17)。

これらの正多面体から構成される多重結晶は図示するには複雑すぎる。それは多くの面を持っており、二つの面に対して、両方を含む結晶が存在するというものである。誰も全体を図示しようとはしないが、だからといってこの研究をやめるわけではない。3次元以上の多重結晶に対しても同様である。すべての系列に対して有限の単純群を得るために、ティッツは4次元以上の結晶を必要としたため、これらの高次元結晶と多重結晶を組み合わせなければならなかった。

高次元の多重結晶とは何か凄そうなものだが、高次元空間における単結晶はそれほどひどいものではない。

次元	結晶の種類				
3	A_3	B_3			H_3
4	A_4	B_4		F_4	H_4
5	A_5	B_5			
6	A_6	B_6	E_6		
7	A_7	B_7	E_7		
8	A_8	B_8	E_8		
8以上	AかBの種類のみ				

3次元には、三種類の結晶のタイプがある。正四面体はタイプA_3のものを持っており、立方体と正八面体はタイプB_3、正一二面体と正二〇面体はタイプH_3を持っている。上の表は、正四面体(A系列)と立方体および正八面体(B系列)に対する高次元の類似を載せている。これらの高次元の類似が、自明ではないが、特殊ではないという意味で、あまり意味がないことを説明しよう。

2次元中のA系列が正三角形で、三つの頂点を持っている。3次元では、それは正四面体である。これは四つの頂点を持っており、任意の2頂点が辺で結ばれている。4次元では五つの頂点を持ち、任意の2頂点が辺を与えている。5次元では六つの頂点があり、同様である。

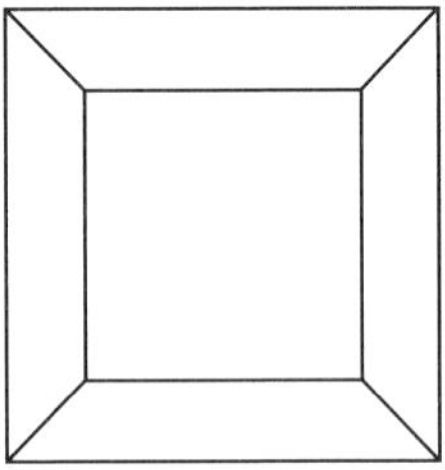

図 18　A＝立方体

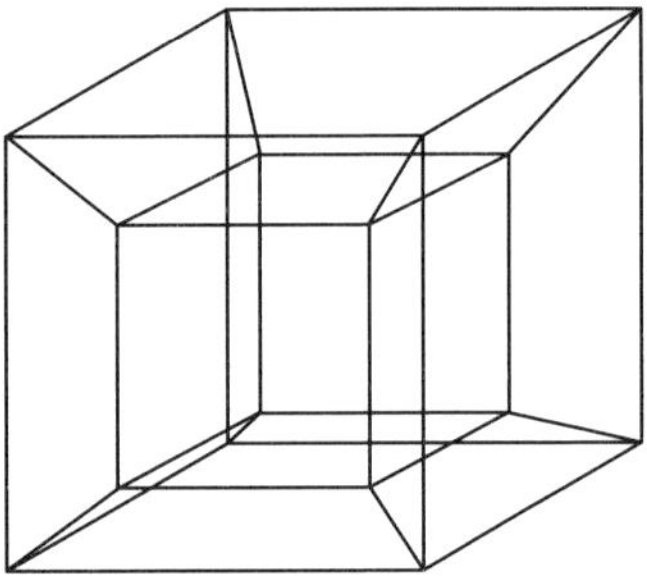

図 19　A＝4 次元立方体

すべての次元で、任意の2頂点は辺を形成している。当然、正三角形の面や正四面体などが含まれているが、根本的な構造はまったく単純なのである。

2次元中のB系列は正方形で、3次元では立方体である。正八面体もB系列だが、双対の関係にあるので立方体だけ考えることにする。4次元の類似を見るために、まず、3次元の立方体に顔を近づけ、遠近法で見てみよう(図18)。図の大きな正方形が前面で、小さな正方形は後ろの面である。途中にある他の四つの面は遠近法により、変形して見える。

立方体の4次元の類似を考えてみる。3次元立方体では面は正方形だったが、4次元立方体の面は次元が一つ上がって立方体である。3次元の時に背面の正方形を前面の正方形の内部に見たように、今度は背後の立方体を前方の立方体の内部に見ることになる。図で描くと図19のようになる。

もう一度、遠近法で眺めてみよう。4次元立方体は3次元に投影され、もちろん2次元平面に投影して表示している。大きな立方体と小さな立方体がこの4次元立方体の前面と背面である。途中の立方体は4次元立方体の他の面で、全部で六つある。これらも4次元の中では立方体だが、遠近法で見ているので、変形して見える。4次元立方体の回転を見せてくれるコンピュータ・シミュレーションがある。

それを使うと、一つの面が正面にくるに従って、正確な立方体になっていく。この4次元立方体はB系列の4次元結晶で、テッセラクトと呼ばれ、ギリシア語の四を表すテッセラに由来している。

5次元で同じようなことをすると、面は4次元立方体であり、対応している角を辺で結ぶ。それを5次元立方体と呼ぶのはおかしいので、ペンタクトと呼ぶことにしよう。6次元ではペンタクトを面として、同様に構成していくことができる。このようにして、B系列の結晶もすべての次元で構成できる。

結晶の種類と次元の表が示すように、次元3、4、6、7、8には他の系列の結晶が存在する。次元6、7、8のものを発見した人物は数学者ではなく、弁護士だった。これらの発見は訴訟事件とは関係ないが、訴訟事件がなかったこととは関係がある。一九世紀後半のロンドンのソロルド・ゴセットという弁護士が、若い時に時間をもてあまし、高次元の空間を調べて楽しんでいた。彼はその結果を一九〇〇年に公表した。ゴセットの見つけた例外的な結晶については後で話すことにしよう。

ここで述べている多重結晶は、ティッツが発明したものである。彼の結果は注目を集め、ブリュッセルからボン大学に移り、さらにこの主題に関する著書が最終的に出版された一九七四年に、パリにある名門研究施設であるコレージュ・ド・フランスに教員の職を得た。この本の中で、ティッツは結晶が3次元以上なら全体の多重結晶は巨大な対称性を持つという注目すべき定理を証明している。ティッツはこの定理を使い「周期表」の中の単純群に対する非常におもしろい幾何学的な説明を付けて、これら多重結晶をすべて見つけている。

ティッツの方法は数学的にセンスが良いように思われる。しかし、これらの多重結晶が非常に複雑なので、どのように構成するのか疑問に思うだろう。ティッツは、単純群を使って多重結晶を構成する方法を示したのである。ここで使われた単純群はシュヴァレーの代数的手法で構成されたものである。しかし、これは少し遠回りである。まず、多重結晶を構成し、幾何学的な方法を考え、そして単純群を構成するのが望ましい方向だろう。

数学では何度も起こることだが、少し違った問題を扱うことで解きたい問題の解答が得られることがある。一九八四年、ティッツは、ドイツのシュヴァルツヴァルト地域にあるオーバーヴォルファッハ数学研究所で行われた研究集会で講演した。その研究所はかつて狩猟小屋だったが、一九四四年に数学研究所になり、第二次世界大戦後に、所長のヴォルフガンク・ズースが、それを復興し拡張するための基金を創設するために奔走した。そこは現在、数学の研究集会を開催するのに世界で最も素晴らしい場所になった。ティッツがそこで行った講演のタイトルは「多重結晶」だった。そこで話された多重結晶は、正三角形のタイル張りされた無限に広がるバスルームの壁のように、結晶が無限に広がっており、対称の有限群と直接つながっていなかった。私は最近、そんな多重結晶のことを考えていて、多重結晶を大きくする方法を考えついた。一つの頂点から出発して、外へ移動させようというのである。アイデアは、花弁のように、各頂点の周りでどのように成長するかを示す「遺伝暗号」をおのおのの頂点に対応させることである。これは生命工学とは違って、高価な設備を備えた研究所や注意深く制御された環境を利用するわけではなく、単なる理論的な構築を意味するだけである。

次の夏、ティッツと私はパリでこの方法を多重結晶に応用した。使った結晶は平面の無限タイル張りではなく、八面体のような多面体だった。無限に広がる平面タイルと異なり、多面体の面を同じ多面体の後部まで結びつけていかなければならないため、大変な作業となったが、ティッツにはどう取り組めばよいかというアイデアがあり、私とピエール・ドリーニュという名の数学者に説明してくれた。ピエール・ドリーニュは当時一〇代のブリュッセルの高校生であり、ティッツの大学の講義を受けていた。数学をしている状態というのは、「人々が座り、話しあい、おそらく黒板を使って話しながら自分のアイデアをはっきりさせていく」、そんな感じである。ドリーニュと知り合いになって良かったと思っている。というのは、彼は二〇世紀の最も偉大な数学者のうちの一人となるからである。ある時、ティッツはドリーニュのことを、「彼には驚かされる」と話してくれたことがある。たとえば、あなたがドリーニュに何か説明したら、彼は二分以内に、あなたがそれに関して知っていることをすべて理解し、すぐにそれ以上のことを理解するだろう。我々は日当たりのよい日に一階のオフィスに座り、ティッツはときどき黒板に二、三の記号を書き、ドリーニュがそれに異議を唱えるという感じだった。驚いたことにドリーニュは、後で重要となる興味ある複合問題の解決策の先をすでに見ていたのである。

最終的に3次元の多重結晶を育てるための「遺伝暗号」を組み合わせることによって、4次元以上の多重結晶をすべて作り出せることがわかった。シュヴァレーの代数的な方法ではなく、幾何学でほとんどすべての単純群を作り出せることがわかったのである。注目すべきは、3次元のもので十分だったということである。数学ではよく起こることだが、低いレベルで事態を理解すると、高いレベルは自動的に解決したりすることがあるのだ。遺伝暗号が基本だった。タイプ$\boldsymbol{E}_8$の多重結晶のような複雑な対象物まで作成できるのだ。このタイプの多重結晶は、最も簡単なものでさえ、宇宙に存在する素粒子の個数以上の数の面を持っている。

多重結晶の話を終える前に、それを使って魅力あるパターンをすべて作り出せることを書いておこう。すでに一つの例を与えてある。一一三ページ(図15)に書いてある多重結晶では、外周の一つおきの七つの頂点に a から g まで名札をつけてある。外周の残りの七つの頂点は、名札のついた三つの頂点と結ばれている。この対応で、各々三つの文字を持つ次の七つのブロックを与えることになる。

abf　bcg　acd　bde　cef　dfg　age

これらのブロックを多重結晶の他の七つの頂点を区別するために貼り付けることができる。ここで、しばらく多重結晶については忘れよう。よく見ると、どの二個の文字に対してもそれらを含むブロックが常に一個あることに気づくだろうか？　そして、異なる二個のブロックにはちょうど一個の共通文字がある。

これは注目すべきパターンである。他のサイズのブロックでも同じようなことが起こるのか興味を持つだろう。二個の文字を同時に含むブロックがちょうど一個あり、任意の二個のブロックは、ただ一個の共通の文字を持っている。今考えているのはそのようなものだ。ブロックのサイズが四の場合にも存在するだろうか？　答えは「存在する」である。ブロックに四個の文字を含む場合、全体で、一三個の文字と一三個のブロックが必要となる。

このようなパターンは役に立つ応用がある。たとえば、一回ごとに決められた個数のテーマを同時に行うような実験を何回か繰り返し、適当な二つのテーマの組を含むような実験はちょうど一回だけ行われている。しかも、二つの実験を見ると、共通のテーマがちょうど一つだけある。そんな実験を行いたいと考えていると想定しよう。各テーマは一個の文字で表し、一つの実験で扱われるテーマの集まりをブロックで表す。

より大きなサイズのブロックでこの実験を行うことができるだろうか？ 答えは、ブロック・サイズが7ではなく、5や6などなら、「イエス」である。しかし、ブロック・サイズが7なら「ノー」である。難しいのではなく不可能なのだ。これは、条件なしに証明できることである。しかし、ブロック・サイズが8、9、10ならまた「イエス」となる。それ以上の大きさに対してはどうだろうか？

可能なサイズもあれば不可能なサイズもある。同じ議論のために、ブロック・サイズを$q+1$で表すことにしよう。こう表示する理由はすぐにわかる。見つけようとしているのは、同じサイズのブロックの集まりで、どの二個の文字の組に対しても、それらを含むブロックはただ一個、また二個のブロックの共通文字は常にただ一個という性質を満たすものである。

qが素数か素数のベキなら、可能である。言いかえれば、qが2、3、5、7、11などのような素数とか、$4=2\times2$, $8=2\times2\times2$, $9=3\times3$のような素数のベキなら、可能なのである。一方、ブロック・サイズが7の場合、qが6であり、不可能である。6の次の問題はqが10の時で、ブロック・サイズは11であり、一〇一個の文字を持つ。

そのようなブロックのシステムが本当に存在するだろうか？ 一九五〇年代の終わりに、これはすでに古い問題の一つだった。そして、それを解決するのにコンピュータが使えるかもしれないと人々は考え、最終的に、コンピュータが急速に強力になった一九九〇年代にそのようなシステムは存在しないことが示された。しかし、コンピュータによる証明は自分の手でチェックすることができないので、証明を確認できない。これに関しては後でもう少し話すことにしよう。

qが6と10の後、次の問題は12である。後の話でも出てくる研究者で、奇妙な対象を発見することに関しては右に出るものがいない、ある天才がqが12の場合の例を構成しようとした。彼は、アイデアと強力なコンピュータを駆使して、何年も努力したが、あきらめた。qは素数または素数のベキでなければならないと証明したとしても誰も驚かないだろう。もし私が賭けごと好きなら、そちらに賭けると思う。しかし、誤りの可能性もあるので、私は賭けることはしない。数学では重要なことだが、証拠をどんなにたくさん集めたとしても証明したことにはならない。数学者は正しいか、正しくないかを証明しなければならない。技術的にも抽象的にも何も言えないというのは、不満のたまることであり、人々から興味を失わせる。現在、数学とは世界が違う大学管理に忙しい私の同僚の数学者もこの証明に取り組んだが、「人生を無駄にしかねないテーマだ」と言っている。

本章の最初で、多重結晶を建物と呼んだ。しかし「建物」という用語はどこから出てきたのだろうか？

これを発明したジャック・ティッツは当初、別の用語を使っている。彼は点や直線、平面などを含む普通の意味での幾何を勉強しており、そこから建物の概念に到達しているので、この新しい概念に対して「幾何」という用語を使っていた。これが彼の意味したかったものだろう。

「建物」という用語は、ブルバキによって最初に使用された。覚えているだろうか？　高等数学の基礎を構築する仕事に取り組んだ、フランスの将軍の名前を付けた、あのブルバキである。しかし、なぜブルバキはこの単語を選んだのだろうか？

ティッツの多重結晶は結晶の融合体である。これらの結晶はリー理論において自然な概念として出てきており、その結晶の面は「部屋」と呼ばれている。かつてティッツはそれを「骨格」と呼んでいた。それらが、主題の骨組みだからである。しかし、これは隠喩を含んでいる。そこで、結晶面が「部屋」と呼ばれているので、ブルバキは結晶面の集まりである結晶を「アパート」と呼び直し、結晶の集まりである全体を「建物」と呼んだのである。

10 巨大な定理

ユークリッドが愛した「定理の証明法」は数学者の素晴らしい兵器の一つである。チェスゲームの定石よりもかなり良い。チェスプレイヤーはポーンかコマを捨てなければならないかもしれないが、数学者は新しいゲームを作り出す。

G・H・ハーディ『ある数学者の弁明』

『ペトロス叔父とゴールドバッハの予想』(邦訳は、酒井武志(訳)、早川書房、二〇〇一)という小説で、アポストロス・ドキアディスは古典的な問題を解くために人生のすべてを費やした架空の数学者の人物描写をしている。どんな偶数も二つの素数の和で表すことができるか? これは我々が出会うすべての偶数に関して正しい。実際、計算機の力を借りて、六京(一億の一億倍が一京)までの偶数に対しては調べられている。しかし、すべての偶数に対しては、どのように証明したらよいであろうか? それは誰にもわからない。

多くの純粋数学者は、本に登場した架空の人物のように、真に難しい問題を解きたがっている。しかし、何が定理を難しくしているのか? 誰も解き方がわからない予想なのか、それともベースキャンプを設営し、暖かい衣料などの準備を完璧にしないと登れないエベレストのように、証明があっても本質的に非常に困難なものなのだろうか？　ゴールドバッハ予想（すべての偶数は二つの素数の和で表せるという予想）は確かに最初のカテゴリーに属しており、たぶん、二つ目のカテゴリーにも属しているのだろう。しかし、偶数に関する別の主張で、確かに二つ目のカテゴリーに属しているものには対称に関する定理がある。それは一見、単純な主張であり、「素数個からなる巡回群を除いて、すべての単純群のサイズは偶数である」というものだ。単純群とはより簡単なものに分解できない群のことであるが、この定理を別の方法で述べることもできる。もし、群が奇数の大きさなら、分解することができ、結果として、素数サイズの巡回群の集まりに分解する。この結果は「奇数定理」と呼ばれている。

この定理は極めて重要である。後で説明するように、すべての有限単純群を発見し、分類しようという長い歴史を生み出す出発点となった。ウォルター・ファイトとジョン・トンプソンによって与えられた証明はエベレスト・カテゴリーに確固たる位置をしめた。

さて、このように広大かつ重要で、単純かつ直接的に述べることのできる結果ならば世界中のすべての数学雑誌に温かく迎えられると思うことだろう。しかし、そうならないのが数学だ。実際、かなりの雑誌がその証明の長さゆえに掲載することを辞退している。整然かつ論理的な証明は二五五ページにもなり、一般的な雑誌にとってはあまりにも長すぎるものだった。通常は、かなり大きな結果の論文でも、一〇ページ、二〇ページ、少し多くてもせいぜい四〇から五〇ページが標準的であり、それが雑誌に掲載できる範囲であったから、二五五ページは常軌を逸した長さだったのである。しかし、ファイトとトンプソンの論文はパシフィック・ジャーナル・オブ・マセマティクスの一巻すべてを使って発表された。編集者は大いに誇りに思ったことだろう。

数学者が雑誌に論文を投稿した時、受け取った編集者はそれが掲載可能かどうかを考える。そして、論文を評価してもらうためにレフェリーに送る。多くのレフェリーは掲載受諾の評価を与える前に、論文すべてに目を通し、編集者に詳細な報告書を提出する。また、技術的な不備や不明瞭さを訂正し、時には簡単な別証明を指摘したりする。だが、ファイト－トンプソンの論文に関しては、こういったことをレフェリーに期待するのはかなり無茶なことだったし、またレフェリーにそこまでする義務もない。(1) これだけの長さの論文で、万一結果が間違っていた場合には、レフェリーはきまりが悪い思いをすることになるからだ。しかし、真に当惑するのは著者たちである。

ところでこの論文の著者、ファイトとトンプソンとは誰なのか？　なぜこの定理がそれほど重要なのか？　まず、後者の疑問から始めよう。そのためには一九三三年に北アメリカに移住したドイツの数学者の仕事の説明から始めなければならない。

一九三三年一月三〇日、ヒトラーとナチ政党がドイツの政権を取り、一九三三年四月七日の職業官吏再建法が多くのユダヤ人の研究者を（ユダヤ人である、より正確には、一人でもユダヤ人の祖父がいれば、非アーリア人であるとして）大学から追放した。二二歳のリチャード・ブラウアーはすでに八年間もケーニヒスベルク大学の職についていたが、ナチ政党の新しい布告によって、仕事を失い、海外に職を探さなければならなくなった。リチャードに数学の素晴らしさを教えた兄のアルフレッドは、ベルリン大学の職を失っていなかったので、ドイツに残り、リチャードだけがアメリカに移った。第一次世界大戦の時に、ドイツのために戦ったアルフレッドらに対しては免責条項があったのである。しかし、一九三五年秋のニュルンベルク政党会議での決定はこの法律を無視することを認め、アルフレッドも仕事を失うことになる。

一九三三年の出来事は悲惨なものだった。若いアメリカの数学者のソンダース・マクレーンが当時のドイツの状況を語っている。彼に関しては後で詳しく紹介するが、シカゴ大学でむなしく失望の多い大学院時代をすごしたあとで、ゲッチンゲンの数学高等研究所に行っていた。彼は一九三一年にドイツに到着し、そこで非常に刺激的な雰囲気を感じたが、すぐに一九三三年の非ユダヤ条例によって起こされた惨状を目撃することになる。マクレーンは五月三日付けで出した母親への手紙の中で、「多くの教授や研究者が解雇されたり、職場から去っていき、数学教室は完全に無力化しています」と述べている。ベルリン大学でブラウアーの博士論文の指導教官だったイサイ・シューアが一九三三年に解雇された時は、彼の同僚たちの間に驚きと恐怖が走った。当時の同僚が一九三五年一月のシューアの六〇歳の誕生日について、こう述べている。「シューアの講義が中止となった時、学生と教授らから激しい抗議がありました。シューアは尊敬されていましたし、非常に好かれていましたから。しかし、時とともに、人々はナチの布告に慣れていきました。シューアは自分に課せられた迫害や屈辱を理解できなかったようです。」

シューアは「ベルリンの数学研究所で自分に親切だったのは、当時若き講師グルンスキー唯一人であった」と言っていた。戦争が終わってかなりたってから、このコメントについてグルンスキーと話したことがある。彼は文字通り泣きながら、「僕がしたことを知っていますか？　僕はシューアに『六〇歳の誕生日、おめでとう』というはがきを送っただけなのです。僕は彼を非常に尊敬していたし、そのはがきにもそう書きました。そんな小さなことを覚えていてくれたほど、彼は孤独だったのでしょう」と話してくれた。

一九三三年までは、ドイツの大学は世界を大きく先導する役割を果たしていた。そこはブルバキ数学者たちが第一次世界大戦後、新しい進展を研究するために勉強しに行った場所である。ドイツの大学は当時、世界でもっとも刺激的な場所であった。リチャード・ブラウアーが後に書いているように、この時代のドイツの大学の知的な雰囲気は、それを知っているものすべてにとってノスタルジーをもって語られていた。そこではナチの公布は短い期間の例外的な状況であり、事態は落ち着くであろうという期待が常にあった。しかし、実際にはそうはならなかった。ドイツに残ったブラウアーの妹は戦争中に死の収容所において殺されている。

リチャード・ブラウアーは一九三三年にケンタッキー大学で一年の職を見つけ、その後しばらくの間、プリンストンにある高等研究所に行った。この研究所はちょうど、一九三〇年に設立されたばかりであり、そこでブラウアーは偉大なヘルマン・ワイルの助手になり、彼と一緒に働く興奮を味わった。ブラウアーは博士号を取得した日からいつかワイルと連絡を取りたいとずっと思っており、ついにその夢がかなったのである。ワイルは数学者と物理学者との交流に熱心であった。ブラウアーとの共著の一つは、量子力学における電子スピンの概念に対する数学的基礎を与えるものであった。

次の年、ブラウアーはその後一三年間過ごすことになるトロント大学に職を得た。その後、一九四八年にミシガン大学に移り、さらに一九五二年にはハーバード大学に移った。ブラウアーは、「数学が若者の学問である」ということが嘘であることを証明した。彼がハーバード大学に職を得たのは五一歳の時であり、伝記作家の一人が彼の経歴に関する驚くべき事実として書いているように、ブラウアーは人生の最後の時まで、ほとんど一定のペースでオリジナルで深い内容の研究論文を発表しつづけた。事実、彼の論文のほとんど半分が五〇歳を過ぎてからであり、その中にはすべての有限単純群の因子を見つけるための方法を与え、そのなかにはファイト－トンプソンの定理を触発させた結果も含まれているのである。

ブラウアーの結果の論点を説明しよう。単純群が偶数の大きさを持てば、コーシー（ガロアの論文のいくつかを置き忘れた人）の定理により、位数2の対称変換を持つ。これは二度繰り返すともとに戻る対称変換である。たとえば、鏡映（鏡に映す操作）は位数2を持っている。鏡映を一度行うと、鏡を通して、すべてのものが反転し、二度行うと、もとに戻る。単純群において、鏡映対称は非常に小さなものであるが、大きな結果を導くのである。群の他の対称変換は鏡の中の点を別の鏡に動かすが、逆に鏡映によって群の他の対称変換は別の対称変換に移っている。その中で鏡映によって動かない対称変換全体は部分群となっている。ちょうど、鏡映によって平らな鏡の内部の点が動かないように、動かない対称変換全体は群の断面図のような働きをする。この部分群のことを、数学では専門用語を使って「中心化群」と呼ぶ。

単純群は中心化群をいくつも持っている。なぜなら、対称変換は中心化群を移動させるので、中心化群の集まり上に対称の群として作用しているからである。これにより、同じ形を持ったくさんの中心化群を作り出し、あたかも精密検査の時に、脳の多くの断面図から脳の姿を再構築するように、これらの中心化群が与える断面図から単純群を再構築することができるのである。さて、ブラウアーが彼の学生であるK・A・ファウラーと一緒に証明した本質的な結果は、同じ中心化群から再構築できる単純群の可能性は限られているということだった。すなわち、同じ中心化群を持つ単純群の数は決められており、多くの場合にはたかだか一つなのである。言いかえると、もし、中心化群がわかれば、単純群をほとんど捕まえたといえるのである。たとえば、ブラウアーは、リーのある系列に属する単純群に対して、中心化群が全体を一意的に決定することを示している。これは素晴らしい結果である。なぜなら、この方法で、すべての単純群を見つけることが可能となるかもしれないからだ。

このアイデアを説明しよう。まず、すでに知られている単純群をすべて集め、それらの中心化群をみてみる。各々の中心化群に対して、同じ中心化群を持つ他の単純群がないことを示すか、さもなければ新しい単純群を見つけるかである。また、単純群の中心化群となる可能性のある中心化群に対しても同じことをし、決して新しい単純群を生み出さないことを示すか、新しい単純群を見つける。もし、何か中心化群の新しいものを見つけたら、それを加えて上のプロセスを繰り返す。実際、このようにして、中心化群の一つから、それを持つ単純群としてモンスター群が見つかったのである。これについては後で述べる。

このプロセスによって最終的に、これ以上大きくならないことがわかると、単純群がすべて見つかったことになる。

これは素晴らしい計画である。唯一つ、問題があるとすれば、どうやって、すべての単純群が中心化群を持つことがわかるのか？　また、同じことであるが、単純群のサイズは偶数となるのか？　ということだ。これがファイト－トンプソンが証明したことである。これは非常に大きな結果であり、後にすべての単純群の発見と分類プログラムである「分類計画」の指揮を執ったダニエル・ゴレンシュタインが書いているように、他のどの結果でもなく、たった一つの結果、すなわち、ウォルター・ファイトとジョン・トンプソンの有名な定理がこの分野を切り開き、すべての単純群の完全分類という広大な数学の広がりへのきっかけを与えたのである。しかし、ファイトとトンプソンはどこから来て、この定理を得たのであろうか？

ナチ政府がリチャード・ブラウアーを仕事から追い出した一九三三年には、ウォルター・ファイトはまだ三歳で、ウィーンに住んでいた。一九三九年、彼の両親がユダヤの子供たちを無事に救い出す集団移住計画に入れることを決心し、彼は九月一日にウィーンを脱出した。彼の両親は二週間ほどのつもりでいたが、二日後に第二次世界大戦が始まり、二度と子供に会うことはできなかった。幼いファイトはロンドンに住む伯母と暮らすために、イギリスに到着した時、イギリス政府はすでに首都から郊外の地域に子供たちを避難させていた。彼は何度も住む場所を移動させせられたが、最後には、オックスフォード大学の奨学金を得て、戦争が終わるまでそこに留まることができた。

一九四六年後半、ファイトは学校を卒業し、アメリカに向かった。到着の二日後、ニューヨークの四〇〇〇人以上の家族の集まりに連れて行かれた。次の日、彼はロンドンの伯母に新しい環境での幸福と楽天的な気持ちを手紙を書いている。

親愛なるフリーダ伯母さん

今まで手紙を書く時間もありませんでした。昨夜はアメリカの大晦日でした。これは大切な休日で、僕は家族晩餐会に行きました。そこには四〇〇人を超える人々が参加していました……月曜日には、マイアミに向います。僕はいま五本の新しいズボンと二着の新しいジャケット、それに新しい靴、しかも自分の時計を持っています。この国には欲しいものがたくさんあります。たとえば、いま僕は叔父さんちの台所に座っていますが、叔父さんは特別裕福というわけでもないのに、大きな冷蔵庫、明るい電灯、電気時計、それに普通のイギリスの家では見たことのない集中暖房などたくさんのものがあるのです。

マイアミはウォルターの次の滞在地で、そこでファイトは叔父と叔母と暮らした。そして、次の九月にはシカゴ大学に勉強に行っている。

ナチから逃げた多くの人々と同じように、ウォルター・ファイトはその頃の生活のことを封印し、話したがらない。しかし、一九九〇年に、彼の六〇歳の誕生日を祝う研究集会がオックスフォードで開催された時、シカゴ大学の学生になる前に、オックスフォード大学にいたと言って聴衆を驚かせた。

ファイトはシカゴ大学で修士号を取得し、その一週間後に大学の学位(学士号)を受け取っている。通常の順序とは逆だ！　それから、リチャード・ブラウアーの下で働くために、ミシガン大学に行った。それから四半世紀後、ブラウアーが死んだ時、ファイトはアメリカ数学会に対して、簡潔で非常に意味深い死亡報告書を書いている。そこには、ブラウアーについてのドイツでの日々とアメリカに渡った理由が書いてあったが、その文からは、ブラウアーの後に続いたファイトたちのような命がけの逃亡のことは理解できない。ファイトをウィーンから脱出させたユダヤ児童集団移住計画はそれを最後にナチによって崩壊させられたのである。

ブラウアーがハーバード大学に移った時、ファイトはミシガン大学に残り、博士課程を修了させた。そして、彼は若冠二二歳であったが、コーネル大学に職を得た。そのすぐ後に米国陸軍に徴兵され、一八ヶ月後コーネル大学に戻ってきた。そこに、若きジョン・トンプソンが尋ねてきた。

トンプソンはエール大学の学部生で神学の勉強を始めていたが、最初の一年で数学に転向した。彼は非常に良くできる学生だった。マクレーンは彼を大学院生として、シカゴ大学に来るように誘った。トンプソンは、当時それほど注目を集めていなかった分野である有限数学に興味を持つようになり、ある著名な大学の教官が彼について否定的な意見を述べている。「ジョン・トンプソンという学生には注意した方がよい。彼はあまり信用できない。」教授たちの態度は大学院生たちにうつり、ある者は、有限数学を馬鹿にする気のきいた詩を作って張り出していた。しかし、当時非常に人気のある数学の研究をし、格子柄のジャケットとタイを身に着けていた紳士的な、ソンダース・マクレーンは若いジョン・トンプソンを博士課程の院生として取った。マクレーンは有限群論が恐ろしく膨大で技術的な分野であることを認識しており、彼自身がそれをできるとは思えないと言っていたので、その分野の学生を取るというのはかなり勇気のいることであった。しかし、トンプソンは自分で勉強するタイプであり、一人で考察をする人であった。マクレーンは一九五八年にかなりの期間大学を離れていた時も、ちょうど来たばかりの別の数学者ヒューズに自信を持ってトンプソンを任せた。

この新しい人物、ダン・ヒューズはトンプソンが目もくらむようなスピードで研究していたのを覚えている。ヒューズはトンプソンが次から次へと黄色い紙（計算紙）に書き続けていたのを覚えている。トンプソンは常に一〇〜一二枚ぐらいの計算用紙を持ち歩いていた。トンプソンはしっかりとした信念を持った学生であり、最終的に六〇年もの間、問われ続けていた「フロベニウス予想」と呼ばれる古い予想を解決した。それは素晴らしい博士論文となったが、不幸にも、彼は、最初にトンプソンを信用できないと言っていた教官のいる委員会の口頭試験を受けなければならなかった。その教官は「こんな人物の試験をするなんて、ばからしい」と言っていた。口頭試験後、彼らはゆっくりと時間をかけ、彼を呼び戻し、「いいかね、ジョン。我々は吟味し、厳しい結論だが、決心した……等々。」単なる大学院生だったトンプソンには彼らが意地悪をしているとは理解できなかっただろう。

ファイトとトンプソンは連絡を取りあい、共同研究を始めた時、目標は天を目指すようなものであった。そのアイデアは、上で述べたように、すべての単純群のサイズは偶数であるということを示すことであった。これは、対称の群が奇数個の大きさを持っているなら、それは単純群ではありえないということである。これがファイトとトンプソンが取った方法である。幸運にも、単純群の鈴木系列を見つけた鈴木通夫がこの問題の特別なケースを扱っており、彼の方法がすべきことの枠組みを与えてくれていた。トンプソンは、後に「僕は一九五九年まで、猛烈な勢いで研究を続けた」と回顧している。そして、カリフォルニア工科大学のマーシャル・ホールの助けを受け、鈴木の結果を条件が少ない場合に拡張した。

またその頃、トンプソンは博士号を取得し、シカゴ大学のトップクラスの数学者で情報機関の設立に深く関わっていたアドリアン・アルバートがアメリカ防衛分析研究所に行くことを勧めてくれた。そこで、通常の学術環境から離れ、一九五九〜六〇年の一年間を防衛分析研究所で過ごした。だが彼の博士号指導教官であるマクレーンは、大学に戻った時、他の教官たちがトンプソンを追い出したことに激怒した。しかし、トンプソンは防衛分析研究所で数学研究を続け、同時に、シカゴ大学で、マクレーンと共に有限数学に関する「特別年(2)」を企画することを決心した。

これをきっかけにトンプソンはシカゴ大学に戻り、ファイトとの共同研究をより発展させた。彼らは、定理を証明するために、反例があると仮定し矛盾を導くという、よく知られていたトリック(背理法)を利用している。言いかえると、奇数個の大きさの単純群を持ってきて、矛盾が起こるということを証明するのである。ファイトはバーンサイドが二〇世紀初頭に利用した指標理論のエキスパートだったので、彼らはこの理論を巧みに利用した。しかし、ゴレンシュタインが言うように、「問題はそれほど簡単ではなかった。期待した矛盾がまったく出てこない状況だったこともあった。そのケースがあり得ないことを示す方法をみつけるのに、トンプソンは一年以上かけた。トンプソンの方法は非常に技術的で、簡潔で、賢い方法だった。一つの問題に完全に没頭した人だけがそのような論法を得ることができるのだ」。また、当時のシカゴ大学の同僚だったジョナサン・アルペリンが最近、「トンプソンは何年もの間、持てるすべての時間を研究に捧げていた。私が思いつくそのような人物としては、チェスの天才であるボビー・フィッシャーだけだろう」と述べている。

トンプソンの研究は、他のものも含めて、一九七〇年に数学における最高の賞であるフィールズ賞を受賞するということで広く認知された。この賞はある意味でノーベルより難しい賞である。フィールズ賞は一九三六年に設立されて以来、受賞者は四六名いるが(二〇〇六年現在)、その間のノーベル物理学賞の受賞者は約三倍もいるのである。フィールズ賞は四年ごとに発表され、授賞式では各受賞者に対して、年配の著名な数学者が受賞者の業績に関する講演を行う。トンプソンの場合には、リチャード・ブラウアーがその講演者だった。ブラウアーが話した内容の一つはもちろん「ファイト－トンプソンの定理」だった。

受賞者(トンプソン)は有限の単純群がすべて偶数のサイズを持っているという有名な予想を証明しました。誰が最初にこの事実に気づいたかははっきりしません。五〇年前にはすでに、非常に古い予想として引用されています。……しかし誰もこの予想に対して何もできませんでした。何から始めたらよいかさえ考えつかなかったからです。

このような定理を証明した後、次にアンコールとして何ができるだろう？　ファイト－トンプソン定理の醍醐味はすべての単純群の分類への道を開いたことだった。そして、最初の大きなステップが、この仕事を始めたということなのである。最初の頃は、トンプソンなら、単純群の分類を直ちに完成させるだろうと言われたが、それほど簡単なものではなかった。後に、モンスター単純群に結びつく例外型の単純群の存在など、その道のりが非常に複雑なものであることが判明したからである。

分類方法のアイデアは、「知られている単純群の中心化群を計算し、同じ中心化群を持つものは現在知られているものの他に存在しない」ということを示すことである。ブラウアーはすでにいくつかの系列に対して計算していたが、するべき仕事は膨大にあった。シカゴ大学での有限数学の特別年の後に、トンプソンはファイト－トンプソン定理の証明を書き終えるためにハーバード大学に行き、ブラウアーと一緒に仕事をした。

一九六二年に、トンプソンがシカゴ大学の職に戻り、タイプA_1の中心化群の研究を始めた。このタイプの中心化群の一つの仲間はすでに知られている単純群の無限系列の中で見ることができる。しかし、このタイプの残りは、知られている単純群の中には現れていなかった。トンプソンは、この一つの仲間だけが単純群の中心化群であることを証明して、このタイプの話は終わるだろうと想像した。それで、タイプA_1の中心化群を持つ想像上の単純群を作り、知られている単純群と一致するか、矛盾を出そうと考えた。

多分、読者のみなさんはタイプA_2やA_3のようなランクの高いものではない、タイプA_1の中心化群を研究する方が簡単だと思うかもしれない。だが、実際にはまったく違う。タイプA_1、A_2、A_3をたとえるなら、一輪車、二輪車、三輪車を想像するとよいだろう。乗りこなすのは一輪車がもっとも難しいし、二輪車や三輪車では不可能なこともできる。これは数学ではよくあることだ。ランクが低い問題がもっとも複雑であり、通常起きない状況が起こっている場所でもあるのだ。トンプソンは、この問題に非常に熱心に取り組み、最終的に結果を得た。

一九六四年に、彼がオーストラリアで、ズボニミル・ヤンコという名の数学者から手紙を受け取った時には、その結果を出版するために清書するということもせずに、他の問題に取りかかっていた。ヤンコは自分の研究との関連から同じ問題に取り組んでいた。そして、中心化群がタイプA_1で最も小さな単純群の場合には、矛盾を得ることができないことを見つけていた。アルペリンはその時の情景を明白に覚えている。「トンプソンはお茶会でその手紙のことを話し、笑っていた。しかし、次の日の朝、彼はまったくにこりともしていなかった。」

トンプソンはすでにヤンコに返答を送っていたのだが、すぐに自分の論法に誤りがあることに気づき、別の手紙を書いた。それから、二人は連絡を取り合い、厄介な場合を除いた部分に関する結果を共同の論文として公表することに決めた。ヤンコはすでにそれに着手しており、自分の研究をそのまま続けた。

(1)　(訳注)数学論文のレフェリーは無給のボランティアである。数学を進展させるというプライドだけで行っている。

(2)　(訳注)「群論の年」と銘打って多くの群論研究者がシカゴに集まりいろいろな研究集会を開いた(一九六〇～六一)。ブラウアー、鈴木(客員教授として滞在)等多くが参加し、のちに分類計画のリーダーとなるゴレンシュタインはこれに刺激されている。

11
パンドラの箱

最初の発見をしたら、きのこを見つけた時のように、あたりを見回してごらん。まわりにもいっぱいあるよ。

ジョージ・ポリア（一八八七～一九八五）

他の創造的活動でもそうだが、数学において、予想したものの証明が進展せず、また予想が正しくないという反例も見つけられないことがある。10章でトンプソンとヤンコがタイプA_1の中心化群に関する彼らの結果を発表しようとしている話をした。その間にもヤンコはトンプソンの最初の論文における、矛盾が起きないやっかいな場合の研究を続けていた。

彼は、そのやっかいな中心化群を持つ架空の単純群を考え、それが存在しないということを示すために、矛盾を必死で探した。たとえば、架空の単純群に関係した数字をいろいろ見つけだし、それらの数字で矛盾するものを見つけた。計算に誤りがなければ、やっかいな中心化群を持つ単純群がないことになる。ヤンコは計算を詳細に書き留め、その矛盾が正しいことを確認しようとした。しかし、計算に間違いが見つかり、矛盾が消えてしまった。このようなことが何度もあり、そのたびに矛盾は消えてしまった。どうしてこんなことが何度もおこるのだろう？　ことによると、実際、何かがそこにあるのではないか？　ヤンコは何かあるかもしれないと考えるようになった。しかし、この架空の単純群の詳細を調べるたびに別の矛盾に突き当たった。そのような単純群は知られている群の表にはないのである。

表に載っていない単純群があると考えるのは合理的だろうか？　簡単に答えれば、合理的だろう。実際、五つの例外が一九世紀の中頃に発見されていた。しかし、これらの例外の単純群は非常に注目すべき特性を持っており、そのようなものが他にあるとは誰も本気で考えていなかった。もし、そのような注目すべき特性を持つものが他にあるなら、とうの昔に見つかっていただろう。つまり、もし別の例外の単純群があるなら、まったく違った特性を持っているはずである。

ヤンコの問題から離れて、この奇妙な五つの例外単純群が見つかった一九世紀にさかのぼろう。

一九世紀中期、ガロアの仕事が公表された後、数学者たちは徐々に置換の群に興味を持つようになり、「可移」の概念を発展させた。ある対象の集まりを置換する群が「可移的」であるとは、一つの対象を任意の他の対象に送るような置換があるということである。これはよく目にするものだ。たとえば、正方形の対称の群は、正方形の四つの頂点を可移的に動かす。すなわち、すべての頂点を任意の頂点に送るような対称がある。可移性はよく起こるものだが、簡単には起きない高いレベルの可移性がある。

もし、置換の群が二つの対象の組を任意に選んだ別の二個の対象の組に送ることができる時、2重可移と呼ばれる。これは簡単に起きることではない。たとえば、正方形の対称群の場合、辺で結ばれた二つの頂点と、辺で結ばれていない二つの頂点はまったく違う関係なので、辺で結ばれた2頂点を辺で結ばれていない2頂点に送ることができない。したがって、正方形の対称群は四つの頂点に対して可移的だが、2重可移的ではない。図20の図を見てみよう。90度回転は対a,bを対b,cに送っているが、対a,bを対b,dに送るような対称は存在しない。同じように、3重可移性とか4重可移性を考えることができる。たとえば、3重可移性とは三つの対象からなる順列を他のどんな三つの対象の順列にも送ることができることを意味する。

もちろん、すべての置換の群を考えるとか、すべての偶置換の群を考えると、当然2重可移になるが、それでは群は大きすぎて何でも含んでいることになる。これらの群は対象を自由に動かしすぎるので、対象の集まりが持つおもしろいパターンを保たない。2重可移でありながら、もう少し小さな群があるだろうか？

2重可移であるが、3重可移でない対称の群を持つ例として9章に紹介したものがある。それは、七個の文字からなる集合で、三個の文字からなるブロックを七つ持っていた。しかも、任意の二個の文字に対して、それらを含むブロックがちょうど一つあった。この七文字の置換で任意の二個の文字の対を別の二個の文字の対に移すものでブロックをブロックに移すものがある。だから、対称の群は2重可移である。ブロックを再度書いておこう。

$$abf$$
$$bcg$$
$$acd$$
$$bde$$
$$cef$$
$$dfg$$
$$age$$

このブロックを保つ置換の群は3重可移ではない。実際、ブロックを作る対象の集まりabfをブロックを作らない対象の集まりbcdに移すことはできない。

図20

多重可移性はまれで、可移性の多重度をあげればあげるほど、群がすべての置換を含む群か、少なくとも偶置換をすべて含むようになってしまう。6重可移性を考える段階で、それ以外のものはなくなってしまうことがわかっている。このことは現在、単純群の分類表を使って証明されているが、あまり洗練された証明ではない。というのは、分類表が正しいということを証明するために、最初の核爆弾を作ったチームワークのように巨大な共同研究が必要だったからである。したがって、これを使って証明することは、堅い実一つを砕くのに核爆弾を使っているようなものだ。証明としては正しいのだが、もっと簡単な証明があるはずだと思う。しかし、誰も見つけてはいないのが現状だ。

条件を緩和し、5重可移性を考えると、二つの非常に奇妙な創造物に出会う。それらは一九世紀中ごろに、フランスのエミール・マシューという内気な数理物理学者によって発見された。彼は、一八三五年、ルクセンブルクとドイツの国境近くのフランス北東部の町メルツに生まれた。彼はガロアが入れなかったエコール・ポリテクニックで学び、一八ヶ月で博士課程を終了して、多重可移性に関する博士論文を書いた。マシュー自身は数理物理学者として名声を得ることを望んでいたが、一八六一年に公表されたこの博士論文が純粋数学において有名になる五つの宝石を生み出すことになる。もっとも名声を求めたという言い方は多分、この物静かで内気で控えめな性格の彼には適さない言葉だろう。彼は数理物理学の仲間にはよく知られており、かつ尊敬されていた。彼は出生地のちょうど三〇マイル(約五〇キロメートル)南のナンシー大学で数学主任になり、一八九〇年に死ぬまでそこで暮らした。

一八六一年に発表された論文で、マシューは5重可移の置換の群を二つ発見している。一つは一二個の文字を動かし、もう一つは二四個の文字を置換するものだった。それらは現在M_{12}とM_{24}と呼ばれている。

残念ながら、マシューは、これらの群が実際に存在することを皆に納得させることができなかった。彼は、M_{12}の存在を実証したと感じていたようで、論文の最後に、同様の方法で二四個の文字を置換する5重可移的群を見つけたと書いている。さらに一八七三年には疑っている人がいることを前提に、初期の主張に呼応する形でM_{24}に関するさらなる論文を発表した。しかし、これでも批判は収まらず、アメリカ人のＧ・Ａ・ミラーは研究論文のタイトルに「マシューが見つけたと噂される5重可移的群について」と書いて疑念を表している。その中で、ミラーはいくつかの数字を計算し矛盾を得ているが、彼の計算のほうが間違っており、この論文は役に立たないものであった。明らかに彼自身はこれに気づいたようで、彼の集大成の業績では、この論文には内容説明がついていない。すべての疑問が克服されるまでには長い年月がかかった。最終的には、エルンスト・ヴィットが一九三四～三五年のハンブルク・セミナーで発表したのだが、彼は二四個の文字を持つ注目すべきデザイン[1]を構成し、その対称群がM_{24}であることを導いた。それによって、M_{24}の存在が認められた。

　ヴィットはゲッチンゲン大学の素晴らしい数学教室で学んでいる。ここはあの偉大なダーヴィト・ヒルベルトが、女性の教官の採用に消極的であった教官たちに対して「大学は水遊びする場所ではない」と言って、エミー・ネーター(女性)のために終身の職を用意した場所である。ネーターがヴィットの論文の指導教官であり、彼女の指導のもと、ちょうどナチ政党が政権を握った一九三三年にヴィットは博士号を取得した。この時、エミー・ネーターはユダヤ人だったので、職を失っている。しかし、ヴィットは、何も考えず、五月一日にナチ党、そしてＳＡ(突撃隊)に入隊している。ネーターのセミナーは彼女の自宅で行われたのだが、ヴィットはそのセミナーにＳＡの制服で参加したことがある。このことは彼がいかに常識はずれかということを物語っているが、彼をよく知っている人たちは、ヴィットはむしろ素朴だったと言っている。どうも、彼は、政治的なことに興味を持っていたようには思えなかったし、ナチ党の反ユダヤ主義にも同意していたようには思えない。実際、後にナチ党をやめることを望み、ラインホルト・ベアにマンチェスター大学の職を見つけてくれるように依頼している。ベアも同時期にゲッチンゲン大学の博士課程の学生で、イェーナ大学に就職していた。ユダヤ人であるために、ナチ党が政権を取った時にドイツを離れており、一九五六年に戻った。ベアについては後でもう一度述べることにしよう。ヴィットはドイツにとどまり、戦後ハンブルクの大学で職を得たが、この都市はイギリスの支配下にあり、イギリスの軍政は彼を職から追放した。彼の口座も停止され、大学に入ることも禁止、食糧供給カードも没収された。彼は解雇に対して上訴し、ドイツ人数学者たちは彼の弁護をした。彼らはヴィットが政治的な活動を行っていないことや、一九三七年八月に行われた教員向けの全国社会主義の必修コースを受講した後、ナチ党が出した彼の党への献身度に対する評価が悪かったことなどを述べた。そのおかげでヴィットは復職することができ、一九七九年に引退するまでハンブルク大学の数学教授として貢献した。この一件の後もあいかわらず彼は正直で、素朴なままだった。彼がナチ政党と関わることによって人々がどれほどショックを受けたか理解できなかったようだった。たとえば、一九六〇年から一九六一年において、ヴィットはプリンストン高等研究所へ行ったのだが、そこで何が起こったかを、彼の後の学生であるイーナ・カーステンに説明してもらおう。「ある日、国家社会党のメンバーに関する議論があり、ヴィットは自分もその党の一員だったと宣言したのです。それを義務と感じたようで、黙っていることは不誠実だと思えたのでしょう。彼にはまったく予期できなかったのでしょうが、突然同僚との接触を禁止されました。」

ヴィットは素晴らしい数学者で、自分が興味を持つテーマに対しては学者らしい学者だった。彼は、数学というのは、代数、幾何学などのように個別の原則によって分割されたものではなく、一体になった方法で教えるべきものであると考え、自分の学科の数学コースを再構築した。

マシューの最大の群M_{24}に対するヴィットのデザインは、一二〇ページで紹介した七個の文字と各々三個の文字からなる七つのブロックからなるものと似ている。その場合には、二個の文字の対はちょうど一つのブロックに含まれ、対称の群は七個の文字の上に2重可移的に作用している。ヴィットのデザインでは、二四個の文字があり、各ブロックは八個の文字を持っている。しかも、任意の五個の文字の集まりに対して、ちょうど一つのブロックがそれらすべてを含んでおり、そのデザインの対称の群は5重可移である。

付録1で説明しているように、ブロックは全部で七五九個ある。このデザインは非常に例外的で、かつ重要なものである。このデザインが、モンスターへの道の最初の一里塚となるのである。そのことについては、また後に述べることにする。話を戻そう。

マシューは合計五つの例外的な単純群を見つけた。それらを、M_{11}、M_{12}、M_{22}、M_{23}、M_{24}で表す。数字は、置換される文字の数を表す。私が大学院生だった時、これらの置換の群を理解しようと思い、走る前にまずは歩くべきと考えて、M_{11}から勉強を始め、次にM_{12}に、そしてより大きなマシューの群へと勉強を進めた。これは、マシューが最初に彼の群を発見した方法だが、逆にいったん一番大きいM_{24}がわかれば、小さい群を調べるのは簡単である。下から順に調べてきた私が、M_{22}に達した時、疑問が起こり、とりあえずお茶会で専門家に尋ねることにした。その時、私はオックスフォード大学の数学研究所にいたのだが、ここでは、研究所内で催されるお茶会は古くからある伝統行事で、定期的にいろいろな分野の研究者と会うことができた。私はやや技術的な質問を整理し、ピーター・キャメロンに聞いてみた。すると、「それは存在しないよ」と彼は答えた。私は少し不意をくらい、当惑したように見えたに違いない。私は当然M_{11}はM_{22}の部分群であると思っていたが、彼は、そうではないと説明してくれた。もし、M_{11}がM_{22}の部分群であるのなら、新しい単純群が出てくるはずで、キャメロンはそれをすでに探していて、存在しなかったと言った。

少し異なる数学の領域を研究している単なる学生として、私は知らなかっただけであるが、真の専門家は日々の訓練と学習によってのみなりえる。このようにして得た知識や経験は、若い学生たちが師から学ばなければ失われることになるかもしれない。すべての有限の単純群の発見および分類に関しても、この点に関しては同じである。この分野では、証明技術が非常にやっかいなものだったので、将来の世代が証明を理解することができないかもしれないということを危惧している。そうなってしまったら、発見と分類の知識は、エジプトの象形文字についての知識と同じように、失われるであろう。話を戻そう。

ヤンコが矛盾を見つけようと、架空の単純群に取り組んでいたのを覚えているだろうか。研究が進展するにつれて、あるいは矛盾が否定的に解決するのを見るたびに、彼は実際にそこに何かが存在するのではないかと考えるようになった。そして、時間をかけて、深く架空の単純群を理解するに従い、矛盾を導くことをあきらめ、架空の単純群が実在すると仮定し、詳細を得る方向に着手した。

中心化群の構造から単純群の存在を確立する方法は、まずその指標表を作り出すことであった。指標表は群に関する情報を書き留めるのに非常に効率的な方法で、数を正方形に配置する。すると、それから膨大な量の有用な情報を導くことができるのである。たとえば、群の部分群を見つけるという問題に非常に役立つ。それは、ちょうどジグソーパズルのように、バラバラにして計算する。正方形に配置された数にはお互いに関係があり、指標表の多くの部分を見つければ、関係式を使って表の他の部分の値を求めることができるようになる。

ヤンコが全体の指標表を決定してみると、この奇妙な単純群は、もしそれが存在するならば、周期11の算術を使用して、7次元の空間に作用していることがわかった。不思議に思えるかもしれないが、実際、そうなのである。ともかく、ヤンコは7次元空間に働く二つの対称変換を周期11の算術を使って定義した。それらは、ちょうどルービックキューブの膨大な数の対称が各面の90度回転を使って作り出せるように、彼の場合も二つの対称変換を繰り返すことで、対称全体を作り出すことを示した。ヤンコの二つの対称変換が巧妙に働くことを、計算機を使って確認し、ついに、新しい単純群が誕生したのである。

この時期、ヤンコはトンプソンと連絡をとり続けていた。そして、新しい単純群が出現しはじめた時、トンプソンが最後の矛盾はどうなったかと聞いてきた。それに対して、ヤンコはこう返答した。「誤りはどこにもありませんでした。」トンプソンが言ったように、「それは、これらの例外的な単純群がどれくらい巧妙かを物語っています。左を削除し、右、そして中央を削除しても、それらはまだそこにあるのです。」一九六五年に投稿し一九六六年に公表された論文で、ヤンコはこの新しい単純群を J と呼んだ。ヤンコがさらなる例外の群を発見したので、それは現在、J_1 として知られている。

この例外の群が発見された時、7次元で保たれる幾何学模様を理解すれば、J_1 をより深く理解できるだろうと期待した数学者もいた。残念ながら、この幾何学模様はかなり不自然なもので、理解できるものではなかった。後に、単純群の完全なリストを構成しようという巨大な「分類」計画を統括したダニエル・ゴレンシュタインは、一九八二年に「そこには、群と関連した自然な幾何が存在しない」と書いている。したがって、この単純群の存在を説明する良い方法が見つかっていない。「ことによると、それは分類問題を一般的な方法で扱う過程でのみ発見できるものなのかもしれない。」もしヤンコが発見していなければ、誰か他の人がそれを見つけていただろう。ただし、膨大な苦労の末に……ということになるだろうが。たとえば、カリフォルニア工科大学のマーシャル・ホール Jr.は、系統的に単純群のサイズが一〇〇万未満のもの、つまり一〇〇万個未満の対称を持っている群をすべて決定した。J_1 のサイズは175560なので、その過程で J_1 を見つけていたことになる。ところで、この数は例外的な単純群としては小さいものである。最小のものは M_{11} で、そのサイズは7920、次に前に話した M_{12} の95040がくる。J_1 は三番目に小さいものである。

ヤンコの発見は実際に大きな騒ぎを引き起こした。当然だが、もはや誰も、基本的な周期表にマシューの多重可移的群を加えたものを単純群の完全なリストであると考えなくなった。そして、見逃しているものがあるとしたら、それを見つけたいと考えた。

ヤンコ自身、J_1を見つけるや否や、別の群を探しはじめた。彼は多くのケースを試み、もしそれらがおもしろいものを何も生み出さなければ、次のケースに移った。失敗を発表して時間を浪費するなどということはしなかった。これはある種の宝探しだった。一つの部屋のすみからすみまで探し、次の部屋に移っていった。他の人が、ヤンコが探し終わった同じ場所を探索したとしても、それは彼らの問題であり、ヤンコが気にすることではなかった。しかし、彼はこれらの宝を見つける素晴らしい嗅覚を持っており、すぐに別のものが隠れている場所を見つけていった。マシュー群の一つが、彼の好奇心をそそる中心化群を持っていた。彼は、J_1の中心化群を使ってそれを拡張していったのである。それまで、こんな大きな中心化群は、知られているどんな単純群の中にもなかった。しかし、ヤンコは新しい群が実際に良い性質を持つことを発見した。それは一つの新しい単純群を与えず、同時に二つも生みだしたのである。

はじめは、一つだけだと思ってヤンコはその大きさを50232960と計算した。しかし中心化群は同じ形だが、二つの異なる中心化群を持つ例が考えられたのである。ヤンコは当時メルボルンの近くのモナッシュ大学にいたが、ディーター・ヘルドというドイツ人数学者もそこにいた。ヘルドは当時のことをこう回想している。

ある日ヤンコが来て、「他の可能性もあるんだ。ちょうど中心化群を二つ持っているケースが」と話してくれました。そして、それを一〇オーストラリア・ドルで買わないかと言ってきたのです。多分ヤンコも同じ考えだったと思いますが、その中心化群が新しいものを生み出すとは思えなかったので、私はその申し出を断りました。しかし、翌日ヤンコに会うと、彼はすでに第二の場合の大きさが 604800 となることを計算していました。

J_1 の場合と同様に、これら二つの可能性が実際に単純群として存在するかどうかを証明しているわけではない。しかし、ヤンコが二番目と三番目の群を発見したのは明らかだった。もちろん、一〇オーストラリア・ドルで第二のケースの研究をすべて譲るとは信じていなかったので、ヘルドは断ったことを後悔してはいない。そしてヘルドもまた二、三年後には、幸運にも中心化群を利用して自分の新しい単純群を見つけている。

ヤンコは、二つの新しい単純群の存在を示す確たる証拠を提示した。それらは、彼の名前のイニシャルをとって J_2 および J_3 と名付けられている。しかし、大きさに関しては、J_2 の方が J_3 より小さいのだ。彼の論文が発表されるまでに、J_2 は一〇〇個の文字の置換群としてすでに構成されていた。後には、より多くの文字の置換群としても構成されている。しかし、J_3 の構成は容易ではなく、少なくとも六一五六個の文字が必要だった。したがって、一九六八年のそれらに関する論文には最初に、少し奇妙な次の文が書かれている。「マシューの五つの単純群の構造を研究すると、既知の単純群のリスト中に抜けているものがあることがすぐにわかる。」おそらく、ヤンコは自分の発見を誰でもわかる謙虚な考察にすぎないと言いたかったのだろう。しかし、一方、彼は最初の群を彼の名前の頭文字を付けて J と呼んでいる。これは彼がこの発見を誇りにしていたからに違いない。実際、誇るべき仕事である。

ヤンコは、クロアチアのザグレブ出身である。政治体制の違いから、大学の職を得ることができず、ボスニアのモスタルで高校教師となった。一九五〇年代後半、クロアチアとボスニアはユーゴスラビア(共産主義の支配の下にあった)の一部だった。そして、規則に従わない者はすぐに政治的に嫌疑をかけられていた。幸運にも、彼は一九六〇年代の初めに数学の研究のためにドイツへ行く奨学金を勝ち取り、訪問先のフランクフルトでヘルドと最初に出会うことになった。期限が切れてもヤンコはユーゴスラビアへ戻らなかったため、彼のパスポートは無効となり、どこかで職を見つけなければならなくなった。彼は最初カナダに行こうと考えたが、英語の試験があるのであきらめ、オーストラリアへ行くことにした。キャンベラで一年過ごした後、オーストラリアで終身職を見つけ、その後アメリカへ移り、最後はドイツに定住した。彼は数年後に、四番目の新しい単純群の存在を示す強い証拠を発見するのだが、この結果は彼が単純群を発見する天才であることを示しており、その結果、ドイツのハイデルベルク大学で教授職を得ることとなった。

ヤンコの新しい単純群J_2の存在は、彼が証拠を見つけた直後に証明された。計算機を使わない二つの構成がジャック・ティッツとマーシャル・ホールによってそれぞれ与えられた。両者とも、一〇〇個の文字上の置換群として構成しており、ティッツは幾何学的な方法を、ホールはより群論的な方法を使っている。ホールはこの構成をオックスフォード大学で開催された一九六七年の研究集会で紹介した。一〇〇個の文字上に、2重可移に近い置換の群として、J_2を構成したのである。聴衆の二人がこれを聞いて興奮した。というのは、彼らがよく知っていた状況に似ていたのである。ミシガン大学のドナルド・ヒグマンとラトガーズ大学のチャールズ・シムスである。二人はそのころ同じような状況に遭遇しており、ホールの手法が使えるのではないかと考えた。彼らは詳細を調べはじめ、次の日も、また次の日も考え続けた。

九月二日(土曜)、研究集会の最終日にあった夕食会のことをシムスはよく覚えている。「食事が終わり、給士スタッフが来て、テーブルを片づけデザートとコーヒーの用意をするので、会場をいったん離れるよう言われた。そこで私とドン(ヒグマンの愛称)は大学の庭を一緒に歩きながら、ホールの手法について話しつづけた。我々は、歩きながら計算し、ついにすべてがうまくいく数字にたどり着いたのである。何かを得たのは確かだった。しかし、もうデザートを食べに戻る時間になっていたため、いったん中止し、夕食の後、我々はドンの部屋で議論をつづけた。紙と鉛筆をつかって、完全に証明できるまで計算した。そして、一九六七年九月三日(日曜)の早朝には、ついに新しい単純群を得ていた。」これまで単純群を見つけた数学者たちは何年も努力してきたのに、ヒグマンとシムスは四八時間以下の計算で見つけたのだから、これは尋常なことではない。

私がオックスフォード大学の大学院生となったのは、その研究集会の一〇年後である。ある日、数学研究所に向かう道を歩いていた時、私の前を見たことのない銀髪の年配の男性が腰を曲げてゆっくり歩いていた。建物のドアの前で、ちょうど彼に追いつきそうだったので、前を横切るのは失礼だし、かと言って彼がドアの前を通り過ぎるのを待つのはゆっくりすぎるし、などと悩んでいたのだが、驚いたことに、彼は左に曲がるとドアを開けて入って行った。私は、ここは数学研究所で、理由もなしに出入りはできないということを教えるべきかどうか迷った。しかし、私には関係ないことなので、黙っていることにした。そして、紅茶とビスケットをもらいにお茶会に向かった。驚いたことに、さっきの老人もそこにいたのだ。

私はその老人の向かいに座った。この老人に対し、少し丁寧に接しようと思って、「どこか他の大学から来られているのですか」と尋ねると、「少し違います」と彼は答えた。彼はすでに退官しており、南カリフォルニアからイギリスを訪れていたのである。名前を聞くべきかなと思い尋ねると、「マーシャル・ホールです」と答えたのである。驚いた私は、「ええっ、あなたが?! あなたの本を授業で使わせていただいています。まだ、一部分しか読めていませんが」と話した。その時、彼がコインを収集していると聞いたことがあるのを思い出したので、それが本当かどうか尋ねた。「ええ、本当です。」そこで私は私も一〇代の頃、コインを集めていたことや、とくに初期のイギリスのものに熱心だったことを話した。

「どんな種類のコインを集めているんですか?」と尋ねると、老紳士はジャケットのポケットを探し、そこからポケット付きのポリ袋を取り出した。各ポケットにはコインが一個ずつ入っていた。それらはすべて金貨で、ギリシア文字の入った古いものが完璧な状態に保たれていた。見たこともないほどきれいだった。初老の数学者が、家とまでは言わないにしても、小型のポルシェほどの価値がある古代ギリシアのピカピカの金貨を持ちながら道を歩いていたのだ。誰がそんなことを考えるだろうか。そんな貴重品を持ったまま通りを歩いていて心配ないのかと聞きたくなったが、よく考えると、ホテルに置いておくよりは安全だろう。ロンドンの古銭業者が一度、シカゴのコイン祭りにきて、オヘア空港から去ろうとした時、貴重品のコインのバックを金属探知器においたのだが、それっきり行方がわからなくなってしまったことがあるくらいだから。

ホールが一〇年前にオックスフォード大学で講演をした時、その講演内容がヒグマンとシムスを触発し、新しい例外群を生み出した。これらの新しい単純群は二枚の一ペニー銅貨のようである。最初に、ヤンコが一つ見つけ、さらに一つ、それから二つ見つけた。次に、中心化群を使ったり、置換の群を研究することで、ヒグマンとシムスがまた一つを見つけ、他の人たちも続いた。まるで遊園地でいたずらっ子たちが突然次々と飛び出してくるように思える。パンドラの箱は開かれたのだ。そして、すぐに、多重次元の幾何学を利用した別の驚きが待ちかまえていた。24次元における注目すべき構造が当時発見されていたが、十分調べられてはいなかった。それがさらなる単純群を生み出すのだが、この構造を作り出した理由は、単純群を見つけるためではなく、ラジオ放送における電波障害を解決するためのものだった。

（1）（訳注）デザインというのは通常の絵のデザインのことではなく、文字とブロックの集まりを表す数学の専門用語である。

12

リーチ格子

群がその存在を示すか、導入できるなら、混乱の中から単純性が結晶となって現れる。
E・T・ベル『数学─科学の女王＝科学の奴隷』（河野繁雄（訳）、東京図書、一九七二）

ラジオ放送がはじまった初期の頃、電波の受信はしばしば雑音とひずみによって妨害されていた。ゆっくりと座りながら音楽を聞いていると、時折雑音が聞こえてきて邪魔をする。たとえ音響設備の最も良い放送スタジオの中から放送していたとしても、外来の雑音が音を妨害するのである。その問題を緩和する方法を探して、ベル研究所のクロード・シャノンは一九五〇年代にある解決法を提案した。彼のアイデアは、無線信号を非常に短い信号音の列として送ることだった。そうすれば、ひずみが小さくなり、受信した各信号音中のひずみを自動的に修正することができるだろう。シャノンの方法は、各信号音を格子の中の点と対応させ、その点の座標を送信することだった。ひずみがあれば、格子の点をわずかにずれて受信されることになるので、受信した点から最も近い格子点に戻すことで修正することができる。これがうまくいくために、多次元の空間の格子が必要であり、それを探しはじめた。

なぜ多次元の空間を使うのかという理由は、格子の2点をそれなりに離しておく必要があるからである。そうすれば、小さなひずみは、格子の別の点ではなく正しい点に戻すことができる。一方、点の個数も多くなければならない。次元を高くすれば、多くの点を詰め込むことができる。この状態を確かめるために、各点を箱の中心だと考えてみよう。そうすれば、2点が近づきすぎるということはない。次に、一〇〇万箱を配列することを考えてみよう。それらを一列に並べれば一〇〇万箱の長さになる。それらを正方形に配列すれば、各辺は一〇〇〇箱の長さになる。それを3次元の中で立方体に配列すれば、一辺はわずか一〇〇箱の長さになる。もし、それを6次元で配列できたら、一辺はたった一〇箱である。次元が多ければ多いほど、同じ直径の中にたくさんのものを詰め込むことができ、また距離を離して詰め込むことができるわけである。

次元の数だけが問題ではなく、点の配列もまた重要である。ここに、平面における二通りの点の配列

図21

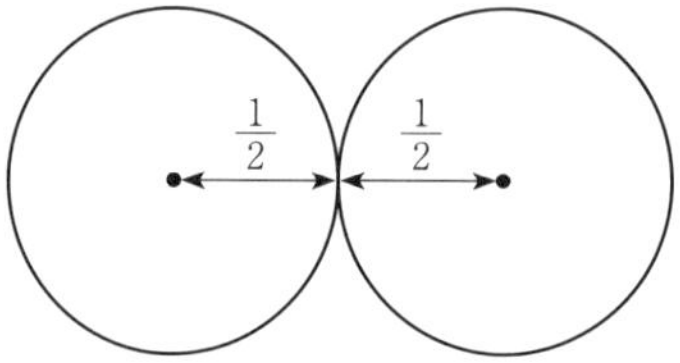

図22

がある（図21）。

よりきつい配列は下側で、両方とも、2点の間の距離の最小は同じだが、下側の方が同じ領域により多くの点を含んでいる。これを見えるようにするためには、各点を円で囲んでいると思ってほしい（図22）。もし、最低1センチメートルの距離が必要なら、半径$1/2$センチメートルの円を考える。2点がちょうど1センチメートル離れているなら、円は接するが、もし2点が1センチメートル以上離れていれば、円は交わらない。

平面の中に2点を少なくとも1センチメートル以上離して配置することは、半径が$1/2$センチメートルの円を交差しないように配置することと同じなのである。これに関しての最良の方法を見るためには、テーブル上に同じ大きさのコインを配置するのを想像してみるとよい。図21に示した点の格子は、円による図23の二つの配置を与える。

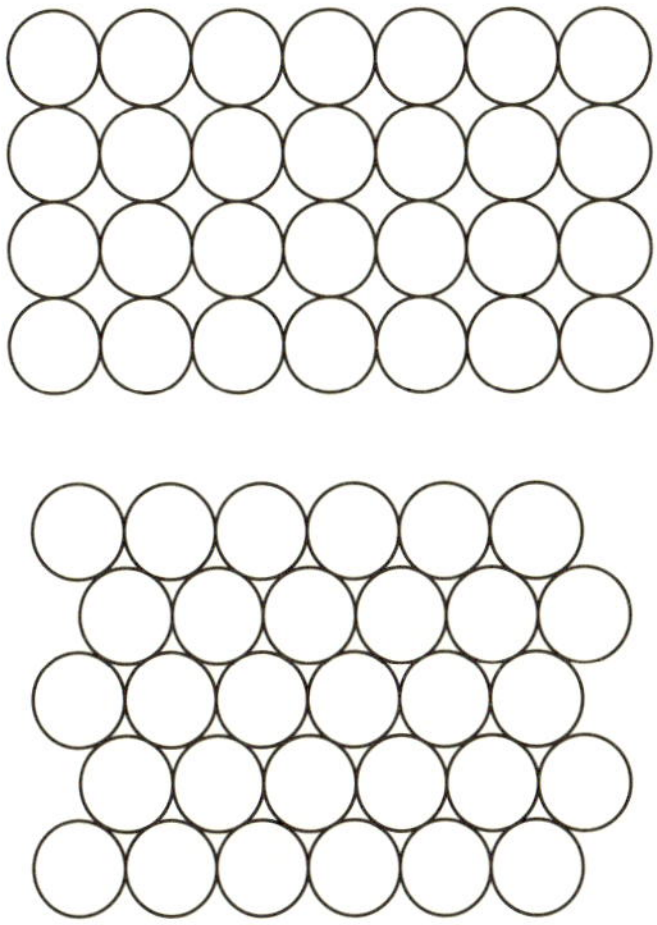

図23

図23の下側の配列はより稠密《ちゅうみつ》である。円の内部のスペースの合計が利用したスペース全体の中でどの程度の割合になっているかという量的な言い方ができる。これを「配置密度」と呼ぶ。上の配列では、79パーセント弱であり、下の配置ではほぼ90パーセントである。その他の相違点としては、上側の配列では、円はそれぞれ四つの円と触れあっているが、下側の配置では、円はそれぞれ六つの円に触れている。互いに触れあう

円が多いほど、配置密度は高くなり、2次元では、最高六つの円を一つの円に接触させることができる。

2次元における問題は解決したので、3次元の問題を考えてみよう。同じ大きさのボールを配置する最良の方法は何であろうか。また、最大何個のボールを一つのボールに接触させることができるか。これらの質問に対して、数学者は答えを計算してきた。結論として、最良の配置としては、果物売場でよく見るオレンジの山盛りの配置より良い方法はない。最初に、オレンジの一つの層をテーブルの上に、コインの配置のように配列する。図24に示したように、aと記した点を中心とした円で表示されている。

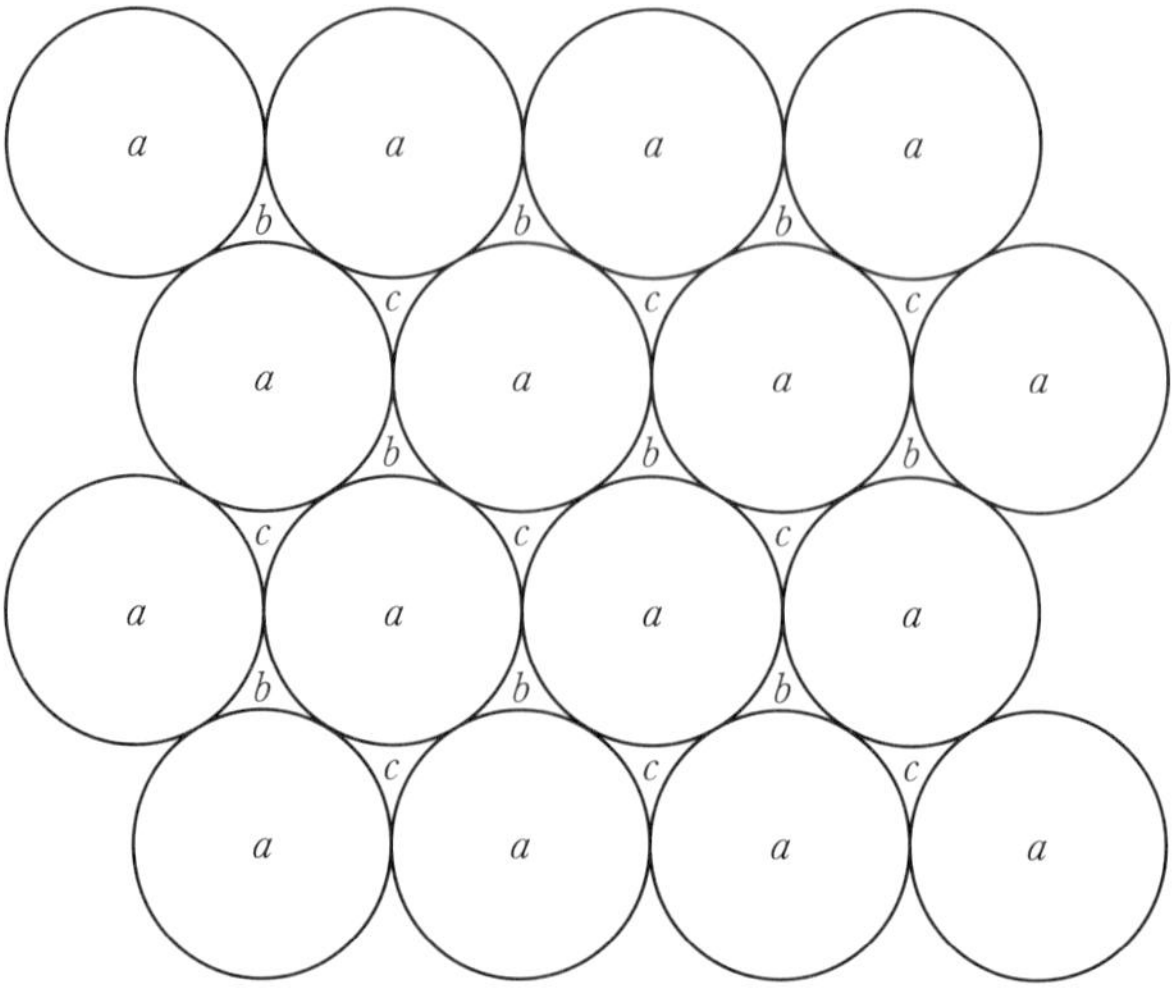

図 24

次に、同様に、二番目の層を配置するが、最初の層のオレンジの真上に置かないようにする。第二の層にオレンジを持ってくる良い方法は、最初の層の空いているスペースに寄り添うようにおくことである。そうすると、最初の層の三つのオレンジと接することになるが、これには二通りの方法がある。第二の層の中のオレンジとして，その中心を b と記した点におくか，c と記した点におく方法である。b と記した点と c と記した点は近すぎるため，同時に二つの場所におくことはできない。

同様に三番目の層を作る時にも同じ選択をしなければならない。もし，第二層を b と記した点を中心に置いたら，第三層は中心を a（最初の層の真上）か，c と記した点の上に置かなければならない。これらの二つの異なる選択から違う結果を得る。最初の場合には，三番目の層は最初の層の直接上になっているが，二つ目の選択では違う。

これらの詰め込みでは，何個のオレンジが与えられたオレンジに触れているだろうか？　第二層のオレンジに対して考えてみると，最初の層と二番目の層と三番目の層だけが触れている。二番目の層では，六個接触しているし，最初の層と三番目の層では三個ずつ接触しており，合計一二個である。これが，与えられたボール（もちろん，すべてのボールが同じサイズを持っているとする）に触れることができるボールの最大数となる。

与えられたボールに一二個のボールを接触させる方法は二通りある。なぜなら，最初の二層を決めた後，三番目の層として，最初の層の真上にするか，しないかという二つの選択があるからである。比較すると，一つのコインを六つのコインで囲む方法はたった一通りだったが，3次元空間は2次元より複雑で，そのために，いま説明した配置が一番良い方法であるかどうかを証明することが難しい。多分，数学者以外の人には，上の配置が一番良いのは明白に見えるかもしれない。しかし，数学では水も漏らさぬ完璧な証明が必要なのである。これは「ケプラーの予想」と呼ばれる有名な未解決の問題になった。ケプラーが一六一一年に予想を出して以来，一九九八年まで，誰も解けなかったのである。そして，ついにピッツバーグ大学のトマス・ヘールズがそれを解決した。彼の方法は、ケプラーの予想が無限の広がりを持つ空間の中に無限個の球を埋め込むことだったので、それを大きな数ではあるが、しかし有限の数を扱う問題に変形し、そして計算機を利用した。個々の問題は、有限構造を持っており、彼はそれをケーブルと支柱で作る彫刻にたとえた。構造にはおよそ一〇万個の可能性があり、計算機を利用して、予想が証明できることを調べたのである。この仕事の確認には、数年かかり、論文は二〇〇五年になってやっと現れた。

ケプラーの予想は、球体の中心点がなす集まりが格子になるという仮定をしていない。もし、これを仮定したら、証明はかなり簡単になるが、格子状に埋め込まなくても格子状と同じ稠密度を持つパッキング(詰め込み)があるので、この仮定は使えない。しかしながら、我々が関心あるのは対称性なので、格子だけを考えてもよい。

こうして、ラジオ放送でひずみを軽減するためのシャノンのアイデアから格子というものに到着したのである。シャノンの考えたことは、高次元で良い格子を見つけることを意味している。これをどうやって行うか? 4、5、6、7、8次元やそれ以上の高次元において、9章で述べた結晶が使われた。とくに、***E***系列の例外的なものである。それらは、ある優れた格子の基礎となっているが、8を超える高次元では、そのような結晶は存在しない。本当に稠密に詰まった格子は見つけるのが大変なのである。しかしながら、24次元では、非常に特異なものが現れるのである。これはジョン・リーチが発見したので、「リーチ格子」と呼ばれている。

ジョン・リーチはその初期の頃、計算することに非常に興味を持っていた数学者だった。彼は、数年産業界で仕事をし、グラスゴー大学で計算研究所に勤務し、偶然、スコットランドのスターリング大学のコンピュータ科学科長になった。一九六〇年代の初めに、彼は、ヴィットのデザインを使うという優れた考えを持っていた。これは、ヴィットがマシュー群を構成するために利用した二四個の文字上のデザイン（11章参照）で、リーチはそれを24次元の格子を構成するために利用したのである。彼は、これに関して、最初の論文を一九六四年に発表し、その後一九六七年により密度の高い配置を与えるさらなる点を追加したものを発表した。これが現在リーチ格子として知られているものである。それ以上良い格子を作ることができない。証明は二〇〇四年まで知られていなかったが、これは24次元におけるもっとも密度の高い配置なのである。

リーチ格子では、24次元の球体はそれぞれ一九六五六〇個の球体と触れている。この数は付録2の中で説明する。リーチが彼の格子を発表した時には、モンスター単純群は影も形もなかったが、後でモンスターと関連して出てくる。しかし、11章で述べた新しい単純群は発見されつつあり、リーチは単純群に好奇心をそそられた。

彼の格子の構築法は、その格子がマシューの最大の置換群に加えて、たくさんの鏡映対称性も持っていることを示している。それで、リーチはもっとあるのかどうか考えた。彼としては、もっとあって、巨大な新しい単純群が出現するのではと感じたようである。しかも、彼の格子が非常に例外的だったので、当時知られている単純群ではないだろうと思ったわけである。それで、リーチは、群論研究者に自分が発見した格子に興味をもってもらおうとし、彼の言葉を借りると、「私はいろいろな人に問題を紹介したのですが、……餌に食いついたのはコンウェイが最初でした」。

ジョン・ホートン・コンウェイは一九三七年リバプールで生まれ、一八歳の時にケンブリッジ大学に入った。かつては一時期、ひどくはにかみやだったそうである。「リバプールからケンブリッジに行く列車の中で、ケンブリッジでは誰も僕が内向的だとは知らないということに気づき、大学に入ったら性格をまったく逆にすることにしたのです。」コンウェイは社交性に富み、愛敬のある性格だったが、多くの創造的な人々と同様に、必ずしも学生として優秀というわけではなかった。彼は、シラバスに載っているものを勉強するというよりは、興味を感じたものだけを勉強するタイプだった。またゲームが好きで、彼自身のオリジナルを作り出していた。しかし、それは、彼の学業の試験の助けになるわけではなかった。それで、大学に残って博士号をとれるかどうか、この時にはまだはっきりしていなかった。幸運にも、彼は学位を取ることができたが、大学院を修了したので、何か職を探さなければならなかった。

学科主任のカースルズ教授は、仕事を探すために何かしているかと聞き、ケンブリッジ大学で今、教員を募集しているのだが、応募してはどうかと言ってくれた。「どうしたらよいのですか?」とコンウェイが尋ねると、カースルズ教授は一枚の紙を取り出し、キングズカレッジの外壁に座り、「親愛なるカースルズ教授、私はこの仕事に応募したい……」と書いた。残念ながら、コンウェイはこの時、職を得られなかったが、次の年に同じような職の募集があるので、学科長は、「もしあなたから便りをもらわなければ、私はあなたの手紙を来年の応募に使おうと思う」と言ってくれた。そして幸運にもケンブリッジに残ることができ、それから一九八六年にプリンストン大学に移るまで二〇年以上いた。

コンウェイの最初の大きな結果はリーチ格子に関するものだった。一九六七年の秋に、ジョン・リーチはアトラス研究所で一年過ごすためにハーウェルに行った。これはオックスフォードの近くにあるイギリスの大きなコンピュータセンターで、後に、ムーンシャイン考察を与えるジョン・マッカイもそこにいた。二人は一緒に、オックスフォード大学の数学セミナーに参加した。そこにはグレアム・ヒグマンもいた。彼はヤンコの三番目の群J_3を研究していた人である。マッカイはヒグマンの結果を使って、置換群としてJ_3を構成することに没頭していたのである。リーチは、ヒグマンにリーチ格子について興味を持たせようとしていたので、マッカイはリーチ格子をケンブリッジの人たちに紹介することにした。マッカイはトンプソンや他の研究者たちに対して、J_3の構成について話をするために来ていて、ついでにリーチ格子について話をした。しかし、誰からも反応がなかった。というのも、新しい単純群の発見以来、トンプソンは、新しい単純群が潜んでいる場所に関する提案をいろいろ聞いていたのだが、ほとんどの場合、何も生み出さなかったのである。

しかし、コンウェイにとっては、それは別の問題だった。彼は根っからの群論研究者ではなかった。一九六二年に最初にケンブリッジ大学で職を得た時、彼は数理論理学と有限数学の研究をしていたが、研究はうまくいかず、「落ち込んでいて、本当の数学を行っていないのではないかと悩んでいました。論文も書けず、そのために、非常に罪悪感を感じていたのです」と後に述べている。コンウェイはリーチ格子に好奇心をそそられ、リーチの最初の論文を読んだ。そしてリーチに電話をかけると、印刷されたばかりの論文を見てくれと言われた。コンウェイは論文を読んでみると、リーチの言うように大きな対称の群がある可能性を感じ、トンプソンに興味を持ってもらおうとした。しかし、トンプソンは辞退し、その代わり、もしコンウェイが対称の群の大きさを計算できたら、そこに何かあると信じようと言った。

これは非常に大変な仕事のように見えた。コンウェイには幼い四人の娘がおり、家族を養うために余分な講義を持っていた。一体全体、どうやって、この興味はあるが難しい問題を研究する時間を作り出せるのか？ 夏休みまで待って、妻に相談した。「この研究で有名になれる」と説得し、研究のために週に二回、自由な時間を持つ約束をした。一つは水曜日の午後六時から真夜中まで、もう一つは土曜日の正午から真夜中までである。最初の一日目の研究がどのように行われたかを詳しく述べる前に、問題が何であるかを説明しておこう。

もし、リーチ格子の点を一つ選ぶと、隣接した近傍は三つのグループに分かれる。リーチの最初の論文では、二つのグループに分かれていた。一つは97152点からなり、他方は1104点からなっていた。二番目の論文でリーチは、三つ目のグループを付け加えている。それは98304点からなっているものである。合計97152＋1104＋98304＝196560点が隣接しているわけである。これらの三つのグループをそれぞれ保つような対称がたくさんある。しかし、コンウェイが必要だったのは、あるグループの点を別のグループに移すような、グループを混ぜ合わせる対称だった。物理学者も素粒子に関して同じような問題を持っている。素粒子には異なる族がある。しかし物理学者は、ある一種類の素粒子が他の素粒子に変換していると考えたいのである。どうしたらこんなことが起こるのか。どんな未知の対称がこのようなことを起こしているのだろうか。コンウェイの最初の仕事は、リーチ格子の場合に、これがありえるかどうかを確かめることだった。もう1点をその隣接点から取ると、両者に隣接している点はいくつあるか？　もし、任意の隣接した2点に対して、同じ個数が得られるなら、隣接した2点が他の隣接した2点に移ることがかなり期待できる。さらに、上で述べた互いに隣接している3点に、さらに1点を加えて、どの3点も互いに隣接しているようなものの個数も計算することもできる。コンウェイはこの計算を行い、得られた結果は希望通りだった。状況証拠が次々に集まり、間違いなく大きな対称の群があると確信した。そこで、彼はこの群の大きさを計算することにした。

コンウェイは妻と合意していたように、土曜日の正午に、研究を始めた。「コーヒーを飲みほし、妻にキスし、子供たちにさよならと言ってから、部屋に閉じこもり、研究を始めたのです。」一二時間におよぶ研究の始めに、彼は何も書いていない大きな紙を取り出し、リーチ格子について知っているすべての事柄を書き出した。そして午後六時までに、単純群の大きさが、次の数かその半分になると計算できた。

$$2^{22}\cdot 3^{9}\cdot 5^{4}\cdot 7^{2}\cdot 11\cdot 13\cdot 23 = 8315553613086720000$$

コンウェイはトンプソンに電話をかけた。この時点で、同じ数学教室の同僚であるコンウェイとトンプソンは互いに対等な関係でいるように見えるかもしれないが、全然違う。コンウェイは、ほとんど大きな数学的結果を出していない若手の研究者で、群論に関する知識もまだまだのものだった。一方、トンプソンはすべての面ではるかに上を行く研究者だった。コンウェイが述懐するように、「彼は世界で最高の群論研究者だったので、私は彼への畏敬の念を抱いていました。でも、それは誰でもが知っていることです。それに、彼を非常に厳格な人物だと思っていました。」

その後、コンウェイがリーチ格子の対称を詳細に解析した時、いたるところから話をするように招待された。最初の一つがオックスフォード大学で、話の最後に、大学院生の一人から、「新しい群が単純であることをどうやって証明したのですか?」と尋ねられた。言いかえれば、その群がこれ以上小さなものに分解できないことをどうやって証明したのか? ということである。これには、コンウェイは少し面くらった。というのは、その議論をしていなかったのである。しかし、オックスフォード大学のピーター・ノイマンが黒板に簡単な議論を書いて質問に答えてくれた。「これらの議論の最中、私は自分を詐欺師のように感じていました」とコンウェイは述べている。しかしながら、ピーター・ノイマンはコンウェイの話に非常に感動し、早急に出版することを約束して、ロンドン数学会の紀要に論文を投稿するように求めた。そしてコンウェイはその秋に論文を書き、それがすぐに出版された。一九六九年のことである。

コンウェイは、当時、技術的には専門知識が不足していたと感じたかもしれない。しかし、若い数学者に脚光を浴びさせたのは、精神の自立と創造性である。技術的に向上することは、すでにそれを修得している人から学習することで得られるが、創造性はこの方法では得られない。数学の世界にはすごい速さで何でも学習できるように見える優れた若い人々が、かなりの割合でいる。しかし、これらの人々の中には、すさまじい勢いで技術的な技能を吸収しているのに、どこにもたどり着けない人たちがいる。

それは、彼らには自分自身の創造的な考えがないからである。コンウェイは自立性と創造性をいっぱい持っていた。それで、何も恐れなかったのである。

コンウェイはトンプソンに電話し、数字$2^{22} \times 3^9 \times 5^4 \times 7^2 \times 11 \times 13 \times 23$を伝えるとともに、この数かその半分が単純群の大きさだと言った。すると二〇分後にトンプソンから電話がかかってきて半分が正しいということ、そして、それに関係して他にも二つ単純群があることを教えてくれた。「もし新しい単純群を見つけたかったら、『大きさを計算し、ジョン・トンプソンに電話して数を伝えてごらん。結果は最高だよ』と冗談でよく言っていました」とコンウェイが話してくれた。

しかし、大きな問題がまだ残っていた。コンウェイが大きさを計算し、トンプソンは、それを確認した。しかし、新しい単純群は実際に存在するのだろうか？ コンウェイは24次元を調べた。すでに知っている鏡映対称の群以外に、マシュー群を使って表示できる対称ではない新しい対称を必要としているのである。鏡面対称は16次元の鏡を使って与えられていた。それらの鏡はすべてマシュー群によって置換されており、もう一つ別の対称があれば、この新しい群全体を生成するはずなのである。24次元空間の対称を書き留めるためには、二四個の座標軸をとり、個々の点がどこへ行くか表示する必要がある。これは移った先の24点のすべての座標を書き留めることを意味している。これらの点は、それぞれ二四個の座標を持っており、合わせて、二四個の数字が並んだ二四セットを行列の形で書き出すことになり、これがコンウェイが行った「成分を一つ一つ埋めていく」ということであった。

これは、大変な仕事だった。というのは、行列は五七六個の成分をもっており、小さな誤りも許されないのだ。しかしついに最後にそれを完成した。また、この行列が本当に望んでいるような対称性を表すかどうかまったくわからなかったが、その日はこれでおしまいにするつもりでいた。

とにかく、私はトンプソンに再度電話をかけて、「行列はわかりました。でも、まだ一〇時ですが、くたくたなので、今日はこれで寝ます。明日話します」と言って電話を切りました。しかし、すぐに、「いや、原理的にどうやったらよいかどうかぐらいは今すぐ確認しておこう」と考え直しました。

とにかく、二回目の電話を終えるとすぐに自分が馬鹿だったことに気づいたのです。

コンウェイは突然、行列を確認する方法を思いついた。それには四〇個の計算を行う必要があった。注意深く最初の計算を行うと、結果は合っていた。もし彼が残りの三九個の計算を同様に行えば、問題は解決する。しかし、この時までに非常に疲れており、「うまくいきそうだが、まず、寝よう」と考えた。だが、こんな刺激的なものを途中で残してベットに行けるわけはなかった。それで、もうしばらく計算を続けた。

「どこの馬鹿がここでやめられるか」と言いながら、私は続行しました。真夜中を少しすぎた頃、私はトンプソンにもう一度電話して、計算が完了したことを伝えました。群がそこにあったのです。それは本当に幻想的な時間でした。一二時間が私の人生を変えたのです。とくに、何ヶ月もの間、進展を夢見ていたのです。これまでの三日おきの研究時間は何だったのだと思いました。

コンウェイがこの一二時間と三〇分の間に示したことは、リーチ格子の対称群がこれまでに理解されていたものよりもはるかに大きく、より複雑だということである。後に彼が述べるように、「この一二時間と三〇分は私の人生で最も重要」だったのである。

翌日の日曜日に、コンウェイとトンプソンは数学教室に集まった。彼らは何日も何日も新しい群の研究を行い、議論が一週間も続いた。「私はトンプソンから素晴らしい教育を受けました」とコンウェイは述べている。最初の対称の群と一緒に、二つの単純群も出てきて、合わせて、三つになった。彼はそれをドット1、ドット2、ドット3と名付けたが、現在、コンウェイの名前をとって、コンウェイ群1、コンウェイ群2、コンウェイ群3と呼ばれている。群ドット1はリーチ格子の1点を固定する対称の群である。もし、最も近くで接している2点を動かさない対称の群を考えると、それが群ドット2である。もし、次に近い2点を固定する対称の群を考えると、群ドット3を得る。

群はこれだけではなかった。他の距離にある2点を固定する対称の群を考えると、さらに二つの単純群が出てくる。コンウェイの記号では、ドット5とドット7である。後のものはオックスフォード大学での会議の六ヶ月前に発見されたヒグマン－シムス群と同じであり、最初の群ドット5はミシガン大学のジョン・マクラハランによってちょうど発見された置換の群と同じだった。これは胸躍る出来事であった。マクラハラン群はまだ発表されていなかったし、コンウェイはそれを聞いてもいなかったのである。しかし、トンプソンはすでに知っていた。「これがトンプソンに私の結果が正しいことを確信させた理由の一つです」とコンウェイは述べている。

これで、正真正銘新しい群が存在するとトンプソンは確信し、詳細を確かめた。そして、さらに二つの例外的な単純群を見つけたのである。一つはヤンコの二番目の群J_2であり、もう一つは鈴木系列群で有名な鈴木によってまったく別な方法で発見されていた置換の例外群だった。もしコンウェイが一、二年早くリーチ格子を研究していたら、三つではなく、七個の新しい単純群の発見者になっていたのである！

合計で、リーチの格子から一二匹の猿（12 monkeys）[1]が生まれた。五つのマシュー群、三つのコンウェイ群、そして残り四つの群である。これらの新発見で、コンウェイの生活は一変した。「私は研究者として十分ではないのではないかと、いつも罪悪感を感じていました。しかし、一九六八年の新しい発見が、そんな心配から解放してくれ、本当に良い研究題材に向かわせてくれました。」

コンウェイは競争的な一人ゲームに興味を持ち続けていた。彼は、この主題に関して二冊の本を書いている。彼のつくった「生命ゲーム」は、普通の意味でのゲームではないが、哲学的におもしろい含意に富み、おもしろいパターンを次から次へと生み出す方法であった。テレビ番組でも特集され、インターネットで容易に見つけることができる。

コンウェイは世界的な数学ゲームの第一人者で、複雑な現象を研究するための方法や記号を見つける天才だった。彼が研究者としての初期の頃は、やや風変わりに見られており、冬でさえ、ケンブリッジ大学のまわりをサンダルで歩いていた。一九七〇年代にカナダのマックギル大学で研究集会が開催された時、40センチもの雪が降ったのだが、彼が講演場に到着した時、彼のサンダルがずぶぬれだったので、それを脱いで裸足で講義を始めたのである。彼を聴衆に紹介していた数学者は小さな韻文を準備していた。

巻き毛も剃らず
靴下も履かず
ケンブリッジで采配
コンウェイに乾杯

この注目すべきコンウェイには、この本が終了する少し前に再び会うことになる。

（1）（訳注）ブルース・ウイルスが出演したテリー・ギリアム監督の映画にこんなタイトルがあった。

13
フィッシャーの怪物

真に素晴らしい数学には、効率的で必然性を併せ持った非常に大きい意外性が存在する。
G・H・ハーディ『数学者の謝罪』

どんな創造的活動でもそうだが、ときどき基本に戻ることは非常に大切である。たとえば、イタリアのルネサンスは古典芸術と古典建築の理想に立ち帰ったものである。数学も同様で、いくつかの素晴らしい進歩は基本の問題に戻ることによって得られる。

ベルント・フィッシャーは多くの優秀な数学者がしてきたこと、そして未来においても続けることを行った。彼はよくある問題に戻ったのである。置換の群を考えてみよう。最も簡単な置換は、二つの対象を交換し、それ以外の他の対象をすべて動かさないもので、これを「互換」と呼んでいる。3章で、偶置換と奇置換の話をした時に、互換について述べている。抽象的な作用と考えると、これは位数2を持っていることになる。すなわち、同じ作用を二回繰り返すと、すべての対象は最初の場所のままということになる。そこでフィッシャーは簡単な問題を考えた。互換のような働きをする位数2の作用で生成される置換の群はどのような群となるか？　彼にとって、それは通常の意味での互換である必要はなく、正確な意味は後で述べるが、単に互換のように振る舞えばよいのである。そして、彼は単純群と単純群に非常に近い群に研究対象を絞った。この研究は彼に三つの大きな驚きを与えることになる。その時には、彼も気づいてはいなかったが、最終的にモンスター群と結びつく、少し違った道へと彼を導いて行ったのである。

数学は、フィッシャーにとって、幼年期(彼は年上の友達の宿題を解くのが大好きだった)以来絶えることのない興味の対象だった。そして、幸運にも彼の才能を引き出してくれる教師に出会っている。

私が高校の時に習った数学教師は非常に良い先生でした。先生は戦争の前にダルムシュタットで三年間助手をしており、そこでロケット軌道の研究をしていました。それは精巧な数学で、微分方程式を利用したものです。攻撃地点を正確に計算するには、高度ごとの気圧の変化を考慮に入れなければなりません。先生は夢を語ってくれる数学教師でした。この先生のおかげで、フランクフルト大学に行った時には、私は微分方程式の講義をどれも取る必要はなかったのです。

ドイツは、第二次世界大戦の後半にV2ロケットを生み出しており、ロケット科学のリーダー的存在だった。しかし、フィッシャーの恩師は、ロケット科学者ではなく数学者だった。物理的な問題に数学を使って対処する彼の説明にフィッシャーは興味を引かれたようである。フィッシャーは修士号は物理でとってから、その後数学で博士号をとるつもりで大学に進んだ。しかし、フィッシャーは大学でアメリカからドイツに戻ったラインホルト・ベアという教授に出会った。「出会ってすぐ、ベア教授の数学を解く方法や、学生たちに話しかける態度に魅了されました。私はベア教授から解析の講義を受けたのですが、彼は学生に指摘させるためにわざと間違いをするのです。」ベアの影響を受け、フィッシャーは応用数学から純粋数学に方向転換した。彼はベアの姿勢を賞賛している。「ベア教授は非常に視野が広く、セミナーでは数学のすべての領域を取り入れたいと思っていたのです。彼は非常に優れた教授でした。『君がしたいものを何でも研究しなさい』と私に言ってくれました。これは当時のドイツの大学ではほとんどあり得なかったことです。」ベアは独創的な研究をするために、刺激的な環境を学生たちに用意していてくれたのである。「ベア教授のもとには、学生や、訪ねてくる研究者たちで特別優秀なグループができていました。」何人かの訪問者は長期間滞在し、何人かは話をするだけだったが、「当時、この分野の数学者は誰もが皆フランクフルトに来ました。ティッツは何度も訪ねています。トンプソンも来ましたし、ヤンコも来ています。来ない人はほとんどいませんでした。」

戦争の前の一九三三年春に、ベアは彼の妻と息子と一緒に夏期休暇をイタリアで過ごした。ヒトラーが政権を握った時、ベアはユダヤ人なので、家へ戻らないことを決心し、ドイツに未練を残すことなく、イギリスに移住した。そして、新しいナチの法律により、大学の職を失っている。そこでベアは、マンチェスター大学で新しい職を見つけ、二年後にはアメリカに移った。しかし、彼はアメリカを永住の場所と考えなかったようで、一九五六年にドイツに戻っている。フィッシャーは「ベア教授は当時のドイツの大学の雰囲気が好きだったのです」と述べている。「ベア教授は、ドイツの大学教授が独立しているという運営方針が本当に好きだったのです。しかも、ドイツの大学システムが一九世紀にどのように発展したかを非常によく知っており、あたかも自分でそれを構築したかのようでした。」

フィッシャーが学生だった時、彼は数学のさまざまな部分を眺め、自分のなかでアイデアを発展させた。「私は図書館に行き、本を読むのが常でした。読んだ本の一つが『分配的擬群』に関するものでした。そこには群は出てこなかったのですが、興味を持ちました。というのも、そこに群があるのが私にとって明白だったからです。」彼は正しかった。それがきっかけとなって、互換のような作用によって生成される群への道に進み、後に、ベビーモンスター群へとジャンプすることとなった。まず、通常の互換について少し説明しよう。

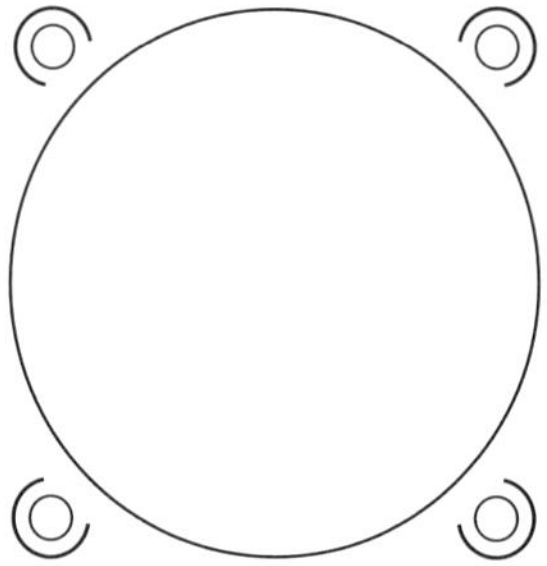

図 25

二つの異なる互換を、続けて作用させると、二つの可能性がある。テーブルの周りに人々がいると考えてほしい(図25)。それらの二人を交換し、他の人々は動かさないでおくことにする。これが互換である。これを二回行ってみよう。たとえば、最初にビートリックスとアントニーを交換して、次に、ダイアナとチャールズを交換する。

テーブルの周りにはたくさんの人々がいるかもしれないが、結局この四人だけが動くことになる。関係のない二つの場所で交換が起きただけで、もう一度、まったく同じ交換を繰り返せば、すべてが最初に戻る。チャールズとダイアナが最初の位置に戻り、アントニーとビートリックスも戻る。すなわち、このような互換を二回続けたものは位数2の置換である。一方、交換する二つの組に共通する人物がいる場合は、位数3の置換となっている。たとえば、アントニーとビートリックスを交換し、その後、チャールズとビートリックスを交換してみよう。結果は、この三人が時計の方向か逆方向に回転（図25では、移動は時計回りになっている）しており、それ以外の人物は動いていない。この置換は位数3である。すなわち、この操作を三回繰り返すと、すべての人物が最初の場所に戻る。

一つの互換の後にもう一度別の互換を行うと、位数が2の置換か、位数3の置換となるのである。では、互換については少し忘れて、一つの置換後に別の置換を行うと、位数が2か3の置換となるような性質を持つ位数2の置換の集まりを考えてみよう。これがフィッシャーが考えたものである。この置換は通常の意味での互換である必要はないが、彼はこれをやはり互換と呼ぶことにし、それらが作りだす群を決定しようと着手した。

ただ、これまでの話のように、徹夜で必死になって群を決定しようとしたわけでないことだけは述べておこう。結局、フィッシャーが証明したことを簡単に述べると次のようになる。もし、単純群またはそれに近い群がフィッシャーの意味する互換によって生成されるなら、六つの場合のどれかになる。最初のケースは、有限個の対象に働く置換全体からなる対称群で、これらの群は作用される対象の個数が大きくなると急激に大きくなる。これは通常の互換のことで新しいものではない。それ以外の五つのケースは興味深いもので、さらにそのうちの四つの場合は、古典的な単純群である。もし、これで話が終わるなら、フィッシャーは非常に小ぎれいな数学の定理を生み出したことになるだろう。しかし、それでは終わらなかった。最後のケースが途方もなく魅惑的だった。

フィッシャーが提案した六番目のケースから、巨大な単純群が三つ生み出されてきたのである。それらの単純群は各々M_{22}、M_{23}、M_{24}と表されるマシューの大きい方の三つの群に関係している。それゆえフィッシャーの群は、Fi_{22}、Fi_{23}、Fi_{24}と表示されている。マシューの群と比較して、これらの群の大きさは巨大だった。たとえば、最初の二つは単純群で、三番目は、サイズ1255205709190661721292800の巨大な単純群を含んでおり、これは一兆の一兆倍を超える対称変換を含んでいることを意味する。無限系列に属さない群としては、ここまで発見されたなかで最大のものであった。フィッシャーの群がどのようにマシュー群と関係あるかを見るために、鏡面対称の観点でフィッシャーの互換を考えてみてほしい。互換は二つの対象を交換し、他のものは動かさない。これらの二つの対象を鏡の向かい合った二つの点だと考え、他の点は鏡の面の中にあると考える。鏡による対称変換は、向かい合った最初の2点を交換し、残りの点をすべて固定する。つまり、それは互換として作用していることになる。

一つの鏡面対称の後に、別の鏡面対称を行うと、出てくる結果は、二つの鏡の間の角度に関係している。たとえば、二枚の鏡を互いに直角になるように配置すると、一つの鏡は北と南を交換し、東と西は動かさない。また、別の鏡は東と西を交換し、南北は固定しているとする。これら二つを合わせると、東西と南北の両方で交換を行っており、ちょうど180度回転したものと一致する。これはちょうど鏡の間の角度(90度)の倍で、これが任意の角度に対しても成り立っているのである。すなわち、二枚の鏡の鏡面対称を続けて行うと、鏡の間の角度の二倍の回転を与える。もし二つの鏡面対称の合成が位数2とか3だとすると、鏡の間の角度は90度か60度でなければならない。実際には、鏡が何かとも、鏡のある空間の次元いくつかとも何も説明していないので、フィッシャーの互換を鏡面対称として扱うことは正確には正しくない。しかし、類似としては役に立つだろう。2次元では、状況は比較的単純である。3次元だと、話は少しおもしろくなる。しかし、フィッシャーは、次元をまったく制限しなかった。純粋に幾何学的な視点から彼の結果を理解したければ、かなり難しいことになるだろう。というのは、非常に多くの次元を必要とするからである。しかし、フィッシャーはこの方法を取らなかった。では、彼はどうやったのだろうか。

重要な手段の一つは、(マシューの群などと結びついている)以下のようなものである。フィッシャーは、配置された膨大な数の鏡の中に、互いに直角の関係(直交していると言う)になっているような鏡の集まりを考え、そのような集まりの中で最大のものを考えた。それから、彼は、その最大の集まり全体は変えないが、その中の鏡を置換する対称変換からなる部分群を調べ、最終的に任意の対を任意の対に移すような置換があることを証明した。すなわち2重可移である。この結果を使い、リー群の有限型でよく知られた構造を持つか、あるいはマシューの大きい方の三つの群、M_{22}、M_{23}、M_{24}のどれかになることを示した。これらの最後の可能性がフィッシャー群Fi_{22}、Fi_{23}、Fi_{24}を生み出す。これが例外的な六番目のケースである。一九七一年に公表された最初の論文では、フィッシャーはそれらを$M(22)$、$M(23)$、$M(24)$と呼んだ。これらの群は「拡大マシュー群」と呼ばれることもある。フィッシャーがFを使わずに文字Mを使用したのは、見事なまでの謙虚さであった。

フィッシャーの群は非常に大きいがそれを理解する方法は鏡の複雑な配置を見ることである。鏡の数は、対称群の大きさから比較してかなり少ないものだ。最大の群Fi_{24}は一兆の一兆倍を超える対称性を持っているが、鏡は一〇〇万の1/3以下で、正確に言うと、三〇六九三六個である。これでもまだ大きいだろうが、実際の鏡を想像する必要はない。鏡の代わりに頂点を使って簡単に表すことができる。各頂点は異なる鏡を表し、二つの頂点が辺でつながっている時、二つの鏡は直角の関係にあることを意味する。これで、辺によって結びつけられた頂点からなるネットワークが得られる。鏡を考えず、ネットワークの言葉で考えると理解しやすくなる。

フィッシャーの最大の群Fi_{24}では、そのネットワークは鏡を表す三〇六九三六個の頂点を持つことになる。このネットワークでは、一つの頂点につながっている頂点(言い換えれば一つの鏡と直角になっている鏡)の個数は、三一六七一個である。一つの鏡と直交している鏡の集まりも部分ネットワークを形成しており、その対称群は一つ下のフィッシャーの群Fi_{23}である。この部分ネットワークでは、各頂点は三五一〇個の頂点とつながっており、これらの三五一〇個の頂点が、より小さなネットワークを作り、その対称群はフィッシャーの群Fi_{22}である。これより小さなネットワークでは、各頂点は六九三個の頂点とつながっており、同様に、これら六九三個の頂点が作るネットワークでは、各頂点が一八〇個の頂点と連結している。重要な点は、これらの小さなネットワークからマシューの群を使うことで大きなネットワークを再構成することができるということである。

再構成する操作というのは簡単なことではないが、不可能でもないのだ。数学者はよく、複雑なものを考察するために、より単純なものから複雑なものを構成するということを行う。小さなものを何度もコピーし、そのコピーしたものを組み合わせてより複雑な形状を構成するという、ある意味でデザイナーの仕事と似ている。これをフィッシャーが行ったわけである。しかし、Fi_{23}からFi_{24}に大きくしようとした時、サイズが違う二つの可能性があることに気づいた。そして、一方のサイズはあまりにも大きく、不合理に見えた。「それは一〇万よりも大きな素数によって割れるものでした。明らかに馬鹿げていますが、それをなんとかして起こらないことを証明しなければならないのです。」フィッシャーは、ファイトに手紙を書くと、ファイトは鈴木の論文やファイト－トンプソンの論文で使われていた洗練された技術を使って、この場合が起こらないことを証明した。しかし、フィッシャーは自分自身の方法を見つけたいと思い、最終的には自分で証明することになる。一九六九年の終わりに、フィッシャーは結果をまとめて書くことにした。

そのタイプ打ちの論文が一九七一年に発表された。それは第一部と書いてあり、詳細に関しては次の第二部、第三部を参照するように書いてあった。しかし、残念ながら、第二部、第三部は出版されなかった。というのは、フィッシャーはイギリスのウォリック大学で講義をするように依頼され、すべての場合を講義ノートとして書いたのである。これらのノートは誰でも入手可能だった。何年か後に、私がコピーを必要とした時、ウォリック大学の数学教室は親切にも送ってくれた。しかし、もちろん、このノートはすべての大学図書館においてあるというわけではない。ウォリック大学の数学教室には、これらのノートを他の数学者が詳しく述べたものや関係した一連の論文がおいてある。フィッシャーは通常の発表の方法とは別の道を進んでいた。彼は、自分の結果をすぐに公表し、他の人たちを刺激したが、雑誌に載せて出版するということをほとんどしなかった。彼の目標は研究し、それを他の数学者に直接伝えることだった。実際、彼は巨大な興奮を巻き起こしていた。

彼の結果のほとんどは論文として出版されていないが、彼のノートは広く読まれ、他の人々が彼の仕事を解析し、その結果の要約を公表している。しかし、フィッシャー本人はそういったことをまったく気にかけていなかった。彼は精力的であり、コーヒーとたばこさえあれば、非常に熱心に研究し、いくつかの新しい単純群を生み出した。我々は、そのうちの三つを見てきた。その後さらに二つが出てくる。次がベビーモンスターである。これも論文としては出版されなかった。

ベビーモンスターの話をする前に、フィッシャーの仕事がどれほど他の研究者を刺激したかを話そう。鏡面対称によって生成された彼の群では、鏡の間の角度は90度か60度だった。それは、二つの鏡面対称の合成が位数2（180度回転）か位数3（1/3（120度）回転）であることを意味する。マイケル・アッシュバッハーという名のカリフォルニア大学の若き数学者が、鏡の間の角度のうちの一つを変更するという問題に挑戦した。アッシュバッハーは90度の角度（合成が位数2）はそのままにし、60度（合成が位数3）の代わりに、奇数nを使って、合成が位数nであるような群を考察したのである。nが3の場合は角度が60度で、フィッシャーのケースになり、奇妙なフィッシャーの群を生み出した。アッシュバッハーは他のケースを研究し、一九七二年から一九七三年の間に四つの論文を公表した。彼は、このケースに出てくる可能性のあるすべての単純群を解析したのである。それは興味をそそるリストだったが、同時にこの方向には新しい単純群は存在しないということを示していた。この後、フィッシャーはさらなる大きな驚きを見つけ出す。その驚きが何だったかを話す前に、まずアッシュバッハーについて話をしよう。

単純群の完全なリストを見つけて、他に単純群が存在しないことを示す計画を「分類計画」と呼ぶが、これはファイトとトンプソンの偉大な定理によって始まり、次に、トンプソン自身の仕事によって前進していた。トンプソンの後、二番目に重要な貢献者はアッシュバッハーだった。彼の仕事は、一九七〇年代の初めに開始する。彼は、プロジェクトを完成させるために本当に必要な問題に直接向かい、次から次へと解決していき、他の研究者が考えようとしていた中心化群問題[1]のいくつかを一蹴していった。これらの問題を生涯の研究にしようとしていた何人かの数学者にとっては、突然、自分の立っている地面を失ったようなものだった。ある人はそれを「アッシュバッハーはすべての問題が近いうちにまとめて解決されるだろうということを示した。それは多くの研究者から希望を奪うものでした。中心化群問題に取り組もうとしていた多くの研究者を打ちのめしたのです」と表現している。

アッシュバッハーの貢献は巨大だった。しかも、数学の定理は出版の前にすべて審査されなければならない。後で述べるが、彼の論文の審査は容易ではなかった。これは他の人々の研究時間に大きな打撃を与えた。たとえば、カンザス州立大学のアーニー・シュルツは、一九七〇年代中頃には論文審査に忙殺されていたと言っている。

彼のかなりの数の論文のレフェリーとして指名されました。しかし、審査に確信を持てない箇所が出てくるのです。私は、一年に六編ほどのレフェリーを行いました。これでは、自分の研究をする時間がありません。これらの論文のいくつかは、ほぼ一〇〇ページにもなるものでした。あるものは一二〇ページだったと記憶しています。

これらの論文は詳細にわたり、技術的なもので、そのような論文を書くのは多大の労力を必要とした。証明の概略を頭の中で組み立てたとしても、それを論文として、順序立てて書くのは大変な仕事なのである。もし、主定理を述べ、証明を書くだけなら、それほど大変ではないかもしれない。証明の異なる時点で同じような手法を使う場合、これらの手法を主定理から切り離し、別に扱う。一つ一つの主張を書いて、それらを証明していくのである。これらの小さな結果はしばしば「補題」と呼ばれ、その結果だけでは大きな興味を持たれないかもしれないが、より重要な結果の証明において非常に役に立つ。すべての数学者はより大きな結果を得るために補題を利用する。補題と定理の関係は、漏れがないようにしっかりと繋がれるパイプの一つ一つに似ている。アッシュバッハーは、いくつかの論文において、同一の仮定でないにもかかわらず、同一の補題を利用している。彼にとっては実際何をしているか正確にわかっているにしても、彼の証明を確認しようとするレフェリーにとっては悲惨なことである。

アッシュバッハーは論文を非常に速く書いていた。しかも、通常書き直しをしなかった上、彼の証明は非常に多くのものを含み、かつ簡潔に書かれていたので、読む方は大変だった。シュルツは、自分がレフェリーであることをアッシュバッハーは知っているとわかっていたので(普通は匿名でレフェリーを行うのだが)、編集者を経由して連絡を取り合うという面倒を避け、直接アッシュバッハーにいくつかの証明に関する問い合わせをした。

アッシュバッハーは一人で研究をするタイプだったが、後で共同研究を行った人たちは、群の構造の詳細に対する彼の巨大な把握力を畏敬し、未だ出版されていない彼の結果に驚かされている。たとえば、オレゴン大学のゲイリー・ザイツがアッシュバッハーとしばらく共同研究するためにパサディナに行っていた時、「私が彼に質問をすると、それはすでに解いてあるよと答えたのです。そして、彼が机の引き出しを開くと、そこには解答のメモがあったのです。それで、私は考えていた別の問題を聞きました。

すると、彼は別の引き出しを開けたのです」。アッシュバッハーの貢献については後でもっと話そう。

ここでは、フィッシャーの仕事に戻ることにする。彼は、二つの鏡の間の角度が90度または60度となる鏡の集まりに関する単純群をすべて考察した。同じような考察を45度も含めて考えるのは当然である。彼は、フランツ・ティマスフェルトという非常に優秀な博士課程の学生にこの問題を提案した。その問題は信じられないほど困難なものだった。しかし、ティマスフェルトはそれを引き受け、仮定を一つ加えることで完全な解決を得ることができるかもしれないと気づき、一九七〇年から七五年の間に三つの論文を発表した。彼は、フィッシャーとアッシュバッハーが行ったのと同じ方向で、出てくる群の内部構造を研究するために幾何学的な方法を使用し、彼らと同様に、出てくる単純群の完全なリストを作成した。それらはすべて周期表に載っているもので、新しい群は出てこなかった。

フィッシャーは自分自身で自分の考えた群の研究を始めることを決め、ティマスフェルトの付け加えた仮定を削除し、真にそこに何があるか探しはじめた。彼は例外の群を見つけたり、何かが隠れているかを嗅ぎ分ける特別な臭覚を持っていたが、それを行うには猛烈に時間を必要とした。「私は一九七〇年の夏にミシガン州立大学に行き、それを二ヶ月近く考えました。」フィッシャーの新しい考えは、彼の群Fi_{22}を使って二つの鏡の間の角度が90度、60度または45度であるような鏡の集合を作れるだろうということだった。この研究で、彼はFi_{22}を含むと思われる周期表の中の大きな群にたどり着いた。彼はこれについて、メインのボードイン大学で講演した。その時、ファイト－トンプソンの定理のウォルター・ファイトがそれを聞いており、スタインバーグの論文に、他の群がFi_{22}を含まないことを示したものがあると反論した。しかし、フィッシャーは自分の計算に自信を持っていたので、反論を受け入れなかった。彼が後で回顧するように、「ファイトは、何人もの人がこのスタインバーグの論文を読んだと言いました。しかし、彼らが私の結果をスタインバーグに伝えると、二、三日後に、スタインバーグは自分の証明を再吟味し、間違いだったと伝えてきました」。

この種の出来事が一度ならずフィッシャーの研究において起きている。彼は、ある新しい群の存在を示す証拠を発見すると、そんな奇妙な部分は含まないという反論をされている。しかし、フィッシャーは常に自分の出した結果に自信があったので、その存在を否定する論文の誤りを見つけた。

実際、フィッシャーは、たいへんおもしろいもの(本当に非常に大きいとわかる単純群)の研究に向かっていったが、それを追究する時間がなかった。ミシガン州立大学に二ヶ月滞在した後、彼はドイツのビーレフェルトへ戻り、次期学部長を務めることになっていた。「学部長である期間は悲惨でした。ベルリンからたくさんの学生を迎えました。そして、彼らはどうすれば大学が混乱するかをよく知っていました。一九六八年には学生運動から戦術を学んだほどです。」何が問題だったのか、また、なぜ学生が大学のシステムを破壊することを切望したのか、今では想像するのも難しいだろう。しかし、フィッシャーが言っているように、

あるものは数学を再定義したかったのでしょう。たとえば、学生にカール・マルクスの数学者としての長所に関する論文を修論として書いてはどうかとアドバイスしたことがあります。学生は了解して、書いてきたのですが、それには、何の定理もなしに何ページにもわたって積分の計算が続い

ていたのです。それは高校生レベルであり、高校生にしては、すぐれたレベルでした。

フィッシャーは何事にも慎重に対応する人で、理想主義や政治的なごまかしに対処するには適切な人物だった。彼が冷静さを失うということを想像できない。しかし、学部長として、つらい仕事をこなしたことは確かである。「我々は、よく会議を午前一〇時から始め、夕方九時まで続けたものです。重要な案件に関しては、学部長はいなければならないと言ってました。どうも、彼らは参加してほしくなかったようです。」フィッシャーの学生や政治、イデオロギーとの戦いから離れて、有限単純群の発見および分類で何が起こっていたかに話を移そう。彼については後でもう一度出てくる。

(1)　(訳注)群を一つ決めて、中心化群としてそのような群を持つ単純群を決める問題である。非常に多くの論文がある。

14 アトラス計画

素晴らしい中立とは、数学的な要素を持ち、そして超自然で不滅であり、論理的で単純で分割不可能なものと、自然で寿命があり、豊かな感受性を持つ複雑で分割可能なものとの不思議な釣り合いを持っている。

ジョン・ディー『ユークリッド原典』につけた序文(一五二七〜一六〇八)

フィッシャーが大学の責任者としての仕事をしている間、数学者たちは裂け目(英語でフィッシャー)に隠れている奇妙な単純群におかまいなく、周期表といくつかの例外が載っている表が単純群の完全なリストであることを証明しようと躍起になっていた。数学者たちは、有限単純群がこれこれの性質を持っていれば、その群はすでに公表されたリストに載っているものであるという類の定理を証明していた。この種の結果は猛烈な勢いで証明されていった。そして、すべての有限単純群をリストアップし、そのリストが完全であることを示すという計画は「分類計画」として知られるようになった。

それは大事業だった。非常に多くの数学者が、いろいろな設定でこの計画に向かって仕事をしていた。当然重なる部分も多く、同時にすべての部分が終わらない限り、未解決の問題が次から次へと出てきた。明らかに進行を理解し、物事を指揮する人物を必要としていた。人生のどのような場面でも同じだが、難局に処する人物を求めていた。この場合、その人物とはダニエル・ゴレンシュタインだった。彼は単なる数学者ではなく、物事を進展させる改革者であり、調停者であり、物事を成し遂げ、人々を勇気づけ、全体を見渡すことができる人物だった。

ゴレンシュタインはこの研究計画を「三〇年戦争」と呼んだ。さらに驚くべきことに、ラトガーズ大学の数学科でも全責任者として学科運営をしていた。彼の同僚の一人が数年後に「彼は私が知っている中で最も有能な人物です」と言っている。彼は多くのことを同時にこなし、それらすべてをうまく成し遂げていた。そのようなエネルギーおよび能力を一人が持つのは、まれな才能だろう。しかし、彼と話し合うのは、強風の中に立っているようなものだった。バランスを保つ方法を知っていなければやっていけないのだ。ゴレンシュタインは奇才だった。彼が学科長となって会合を開いた時、彼の口からアイデアが次から次へと出てきた。ある人物が「親愛なる学科長、話を終了していただけませんか？」と聞いたが、彼は止めようとはしなかった。

分類問題に対する膨大な数の数学的アイデアを出し、それらを考察している数学者たちをとりまとめながら、すべてのエンジンを全開させているような人物がゴレンシュタインであった。彼は素晴らしい組織力と膨大さとを組み合わせた。「後で彼の講義のノートを読んでいると、彼の声がページから聞こえてくるのです。こんな経験はそれまでも、その後もありません。」講義の最中は、彼のエネルギーや活力が五〇分間休みなく部屋に充満していた。しかし、講義が終わると、まったく別で、猛烈なスピードで事態が進展した。「私が彼のオフィスに三〇分ほど面会に行った時、次から次へと休みなく電話がかかってきました。まるで軍隊の司令本部にいるようでした。」

ゴレンシュタインは、これまでの純粋数学のプロジェクトとしては聞いたことのない団結力の強いチームを作った。一九九二年に彼が亡くなった時、多くの人たちが悲嘆の気持ちを表明した。その時、一人の数学者が「彼は、父親のようでした」と言っていた。後で述べるが、一九七〇年代にチームに加わった若き数学者ロン・ソロモンが一九九五年に「ゴレンシュタインは分類問題の証明を完成するために、一六ステップの計画を提案し、証明が可能であると期待させ、そのための道筋を作った」と述べている。

これが第二次世界大戦中にハーバード大学の学生として出発したゴレンシュタインの生涯の頂点だった。彼の教師のうちの一人は一九四七年にシカゴに移ったソンダース・マクレーンであった。マクレーンはトンプソンの博士論文指導教官でもあった人物である。第二次世界大戦の後、ゴレンシュタインは代数幾何学（数学の他の分野）の大学院生としてハーバードに戻ったが、一九五七年に、有限群論に興味を持ちはじめ、一九六〇年には、マクレーンが群論の年を開催していたシカゴ大学に迎え入れられた。そこは、あのファイトとトンプソンが偉大な定理を得るために研究していた場所であり、ゴレンシュタインは、有限単純群（単純群）をすべて見つけて分類するという話に引きつけられた。彼も分類問題に挑戦し、イリノイ大学のジョン・ウォルターと、そして後に他の人たちと共同研究をはじめた。

一九七〇年代の初頭までに、事態は急速に変化しており、一九九五年にロン・ソロモンが書いたように、七〇年代の分類問題は活力のあるものだった。一九七二年頃に、ゴレンシュタインを除く群論研究者のリーダーたちは誰も二〇世紀中に分類問題が完成するとは思っていなかった。ところが、たった四年後の一九七六年には、ほとんどの研究者が分類問題が手中にあると信じた。ソロモンは、「手中にある」という用語を、いくつかの困難や技巧を必要とするかもしれないが、基本的な問題は解決しており、残りの部分を扱っているのだという意味で使っている。
ゴレンシュタインはこの偉大なプロジェクトを操りながら、総括的な展望に他の人々を巻き込んだ。そして、アッシュバッハーが猛烈にこのプロジェクトを進展させているのを自由にさせていた。

決定的に単純群研究の景観を変えたのは、一九七〇年代に入ってアッシュバッハーが参加してからだった。分類問題を完成させるという一つの目標のために、証明が完成するまでの次の一〇年間は、分類問題を扱っているチームはすべて彼の動向に注目していた。

マーシャル・ホール(この人物はアッシュバッハーと同様、カリフォルニア工科大学にいた)は、彼を「蒸気ローラー」と呼んだ。アッシュバッハーは主たるキープレーヤーで、攻撃の陣頭に立っていた。その間に、ゴレンシュタインは、東海岸、西海岸、中西部、ドイツ、イギリス、フランス、日本など世界中の群論研究者と連絡を取り、この種の研究で優れた人物がいれば、彼らを勧誘してもうひとつ別のチームを作ろうとしていた。ゴレンシュタインはさらに、二人のロシアの数学者がカリフォルニアで会議に出席する許可を得た際、ロシア人をもチームに参入させようとした。

しかし、これは誰でも簡単に参加できるプロジェクトではなかった。分類問題の群論は非常に専門性が高く、すぐに他の数学者が入ってこれるようなものではなかったことをゴレンシュタインは理解した。

有限単純群理論は、発表する論文が非常に長いため、近寄りがたいという当然の評判を得ていた。

パシフィック・ジャーナルの本一冊になったファイト－トンプソンの論文は二五五ページにもなり、近寄りがたさを決定づけていたが、その論文でさえ決して長いものではなかった。しかも、開発された技術はどれほど有限群論にとって強力だとしても、有限群論以外の他の分野の数学には応用できそうに思えなかった。分類が進展しているという業績に対して、数学者の仲間たちからの賞賛もあったが、同時に、有限群論研究者たちは正しい方向に進んでいないのではと感じる人たちも出てきていた。彼らは数学の定理は、こんなにページを使うものではないと考えたのである。確かに、証明を本質的に短くすると思われる単純群の持つ幾何学的な考察が欠落していた。しかし、内部の見解はまったく違っていた。我々の研究はすべて、必然に従って、そうなるべきものとして出てくる動きだった。それは、決して方向を歪曲したわけではなく、問題に内在する自然が、我々の研究方向や発展するテクニックの姿を決めているように思われた。

群論研究が膨大に大きくなるに従って、ますます若い数学者たちが加わり、多数が参加できる大きな国際会議が開催された。これらの話に移る前に、フィッシャーと彼の怪物との話に戻ろう。

フィッシャーは学部長を辞めた後、研究に復帰し、任意の二枚の鏡の間の角度が90度、60度あるいは45度であるような鏡面対称によって生成される単純群の可能性について考えはじめた。彼の努力は無駄ではなかった。一九七三年の夏には、彼は当時としては最大の大きさである4154781481226426191177580544000000個の作用を持つ単純群の存在に気づいていた。これまで、何度も大きな数字を見てきたと思う。これらの単純群は膨大な個数の作用を持っていたが、作用される対象（鏡、頂点、あるいは何であれ)の個数は、それほど膨大なものではなかった。しかし、この新しい群は135719550000枚の鏡を必要とする。これでは、これまでのフィッシャーの怪物が小さく見えるかもしれない。

ここで二つの疑問が出現した。第一に、どうやってフィッシャーはこんな巨大な数を導き出したか？第二に、どうやってこんな巨大な系を構築できたか？まず、どうやってこの数字が出てきたかを話すことにしよう。ここに、鏡の個数に関する計算がある。

$$1+3968055+23113728+2370830336+11174042880=13571955000$$

これらの数がどこから出てきたのかを簡潔に見ていこう。一枚の鏡を固定する。これが右の和の式の最初の1である。他の鏡は、この鏡と90度、60度あるいは45度の角度を持っている。90度の角度を持つ鏡全体を二つにグループに分けることができる。そのグループの個数が式の次の二つの数字である。和の式の四番目の数は、固定したものと60度の関係にある鏡の個数であり、五番目は45度の関係にある鏡の数である。フィッシャーは、これらの数字をある対称の群の大きさを別の対称の群の大きさで割ったものとして導き出し、合計を求める前に多くのかけ算をしなければならなかったので素数の積として表示した。電卓もなかった一九七〇年代の初頭の話である。たとえば金融機関のように、多くの足し算やかけ算をしなければならない場合、コンプトミター・オペレータを必要とする。やや使いにくい機械に、すごい速度で、数を打ち込む人たちである。

フィッシャーは一九七三年にこれらの数を決定するための苦労をしており、たびたびイギリスのウォリック大学とバーミンガムの大学を訪れていた。コンウェイが、計算の総仕上げをするために、古い計算機を使わせてくれると言っていたので、フィッシャーは秋にケンブリッジを訪れた。しかし、コンウェイが部品を見つけることができなかったため、フィッシャーは妻に手伝ってもらって、手で計算を行った。手で計算すれば、間違う可能性は高い。しかし、フィッシャーが言うように、「答えが31で割り切れることはわかっていた。だから、計算機のように、組込検査はできている」。鏡の総数がわかると、一つの鏡を固定する部分群の大きさはすでに知られているため、それらをかけることで、全体の群の大きさがわかる。

一九七三年九月に南西ドイツの素晴らしいリゾート地のオーバーヴォルファッハで有限群に関する研究集会があった。そこで、フィッシャーは彼が発見した新しい群について報告した。これは興奮する出来事だった。これまで発見されていた単純群とは比べものにならない大きな群が発表されたのである。しかし、オックスフォード大学のグラハム・ヒグマンはオーストラリアにいて、それを聞くことができなかった。そこで、フィッシャーとコンウェイはヒグマンにハガキを送った。オックスフォード大学の同僚のうちの一人がアドバイスした。「ヒグマンに読んでもらいたいなら、短い文の方がいいよ。単に、新しい群の大きさを書けばいいんじゃない。」そこで、位数だけ書いて送った。数学者が数を書く場合、とくに、今回のような場合には、たとえば、$24=2^3\times3$ とか $60=2^2\times3\times5$ というように素数の積の形に分解して表示する。ヒグマンに送ったハガキに書いた数は $2^{41}\times3^{13}\times5^6\times7^2\times11\times13\times17\times19\times23\times31\times47$ だった。

翌月、フィッシャーが勤務しているビーレフェルトの大学で研究集会の続きがあった。トンプソン、コンウェイ、アッシュバッハーなど、ほとんどの主要なメンバーが参加していた。なぜなら、誰もがフィッシャーの新しい群についてもっと聞きたがっていたからである。しかし、ドイツの伝統に、ホストは講演をしないというものがあった。そのためフィッシャーは参加者と非公式の議論だけにとどめた。これはかなり厳しい規則で、数年前にドイツで行われた群論研究集会で、講演者がそろわなかったため、主催者の一人が講演を行ったことがあったのだが、年配の参加者の一人が即座に退席したということがあった。

新しい群の大きさや鏡の個数を計算した際、「それは実際に存在するのか?」という重要な問題があった。もし、存在するなら、それは13571955000枚の鏡の置換を行っている。すなわち、問題は、「こんな膨大な置換の系を構築することができるのか?」ということである。以前に述べたが、中心化群を使っての群の構成法によって発見された奇妙な単純群のいくつかに対してコンピュータが利用されている。その方法をこの群に対しても考えてみよう。これらのコンピュータを用いた方法では、単純群を置換の群として構成している。しかし、膨大な計算を簡単にするための情報を必要とするため、フィッシャーも指標表(1)を計算することにした。

同時に、彼は、この置換の膨大な群が、より大きな群の中心化群になるかもしれないということに気づいた。一九七三年後半のことである。ミシガン大学のボブ・グライスも同様の考えを持っており、フィッシャーとグライスは共に、フィッシャーが新たに発見した大きな群がより大きな群の中心化群として現れるだろうと確信していた。この段階では、その群がどれくらい大きいものか、当然誰も想像がつかない、まだぼんやりとしたものにすぎなかった。

ここまでの道のりを振り返ってみよう。それより数年前に、フィッシャーは互換からなる群Fi_{22}、Fi_{23}、Fi_{24}を構成していた。それらがマシュー群M_{22}、M_{23}、M_{24}と関係があったため、彼はそれらを$M(22)$、$M(23)$、$M(24)$と呼んでいた。また、鏡面対称の新しい群を構成するために、Fi_{22}を利用したため、一時的にそれをM^{22}と呼ぶことにした。さらにそれがある大きな群の中心化群として現れ、その大きな群がFi_{24}と関係しているのが明らかなように見えたため、彼はそれをM^{24}とも呼んだ。では、その間のM^{23}と呼ぶべきものがあるのだろうか？　フィッシャーがケンブリッジ大学に来て、この話をした時、コンウェイはこれらの可能性のある三つの群を「ベビーモンスター」、「中間モンスター」、「超モンスター」と名付けた。結局、中央の怪物が存在しないことが明らかになったため、コンウェイは「ベビーモンスター」、「モンスター」と呼び名を変え、これが一般的に広まった。

フィッシャーは、ベビーモンスターの大きさを決定する仕事に精を出し、一生懸命に指標表を決定しようとしていた。この段階では、モンスター群の方は手の届く範囲ではなかったし、その大きささえ未知のものだった。指標表はフィッシャーとケンブリッジ大学の研究者たちによって計算されていた。その話に目を向けてみよう。

トンプソンとコンウェイはケンブリッジ大学におり、リーチ格子からある例外的な単純群を導いたという話をした。コンウェイは三つの新しい単純群を見つけており、それまでに見つかっていた九個と合わせて、リーチ格子は実際には、一二個の単純群を含んでいた。ヤンコの群J_1およびJ_3とこの一二個を加えて、一四個の例外型の有限単純群が知られていた。一九六八年のことである。一九七二年の終わりまでに、フィッシャーによって見つかった三つと、オーストラリアでヤンコと同僚で、後にドイツに戻ったディーター・ヘルドが一つ、アメリカでトンプソンの学生だったリチャード・ライオンズによって一つ、また、アメリカ人アルナス・ラドヴァリスが一つ、合計六個の単純群が発見された。ヘルドとライオンズは中心化群を使っての構成法を利用し、ラドヴァリスは置換法を使用した。ラドヴァリス群に関しては、当時、コンウェイは必要な置換を構成するために、カリフォルニア工科大学のディヴィット・ウェールズと組んで、グライスと競争していた。その時、ラドヴァリスが確たる証拠を見つけたのである。それを使ってコンウェイとウェールズが最終的に新しい単純群を構成し、これで例外の単純群の個数は二〇個になった。非常に多くの活動が行われ、多くの情報が集まってくるため、それらを統括し、間違いを修正し、他の人にわかるように整理する必要があった。

そして、「アトラス計画」と名付けられた新しいプロジェクトがコンウェイによってはじめられた。開始のきっかけは、次の通りであった。コンウェイの学生に、コンウェイ群ドット1の部分群に関することで博士論文を書いたロバート・カーティスがいた。一九七二年に、カーティスがカリフォルニア工科大学で一年過ごしたあと、ケンブリッジに戻ってきたので、コンウェイはカーティスを助手として雇うように、アトラス計画をはじめる三年間の研究計画を申請した。カーティスは、喜んでこの職を受け入れ、新しく設けられた彼の研究室はアトラス研究室となった。「我々はそれを『アトランティス』と呼んだ」とコンウェイは言っている。「すべてが跡(指標の値)形無しに消えてしまったからね。」彼らはまた「アトランティック」という言葉も使った。なぜなら、アトランティック海洋は北アフリカのアトラス山脈にちなんで命名されたもので、同時にそれらはギリシア神話に出てくるティタン神族のアトラスからきているからである。そこでアトラス研究室では、青い紙(大西洋の青さを表す)を使っていた。プロジェクトが進展するにつれ、他のメンバーが加わりはじめた。サイモン・ノートンはこのプロジェクトに魅了され、進展を確かめるために顔を出すようになった。コンウェイはこの頻繁な訪問者に最初当惑したが、すぐにノートンがいかに重要な働きをするかに気づき、二、三週間も経たないうちに、メンバーに加わらないかと誘った。ノートンはイギリスのトップの寄宿学校の一つに在籍していた時、数学が非常に優秀だったので、卒業と同時に、ロンドン大学の学位を受け、そして直接、寄宿学校からケンブリッジ大学に入学した。その後、ケンブリッジで修士号と博士号を取得している。コンウェイは、ノートンの驚くべき才能について話してくれた。「彼は、教えられたものを信じられないスピードで吸収していった。」

アトラスの研究で得られた結果は、「アトラス」と呼ばれるバインダーの中に書き入れられていった。それは徐々に大きくなっていき、ついに入りきらなくなった。そこで、数学談話室の椅子の一つを覆っている合成革と靴屋の小錐を使って止めることになった。アトラス綴じ込みには、例外的な単純群に関する技術的な情報だけでなく、周期表に載っているいくつかの単純群に関する情報も集められた。一九七三年には、さらに、フィッシャーのベビーモンスターと、ゴレンシュタインがいるラトガーズ大学のマイケル・オナンによって二つの新しい単純群が発見された。すべての存在が確認されているわけではないが、発見された例外の単純群は合計二二個になった。ベビーモンスターが出てきた方法である中心化群を使っての構成法で群が出現した場合には、構成をするために、膨大な情報を必要とする。これらの情報のほとんどは、指標表に暗号化する。以前、ヤンコの単純群の時に、指標表のことを話した。

いま一度、それがどのようなものであるか説明しておこう。

指標表というのは、数が正方形に配列されたものである。たとえば、4点の全順列の群の指標表は、一辺が5の正方形、すなわち、五つの行と五つの列を持っている。この群は二四個の作用からなっているが、五つの異なる型に分けられる。つまり、一つの型に指標表の一つの行が対応する。指標表の列は、群が高次元空間に作用する異なる基本的な方法を表しており、すべての高次元空間への作用は、これら基本的な作用の組み合わせで作ることができる。また、列の個数と行の個数は常に同じとなることが証明されている。たとえば、小さな巡回群を多数使って群を構成した場合には、この群の指標表は膨大な数の行と列を持つが、単純群はそれほど多くの行と列を持たない。たとえば、マシューの最大の群は大きさが244823040だが、指標表はたった26行26列にすぎない。何もしないという自明な作用を除いて、各型の作用は何度も現れるために、指標表が小さくても、相対的に単純群は膨大になる。我々は、まだモンスター群の大きさを見ていないが、その作用の個数は読者のパソコンを作っている原子の個数よりも多いにもかかわらず、指標表はたった194行と194列しか持っていないのである。

アトラスの製作者は、これらの単純群に関する他の興味ある事実も記載していきながら、指標表を少しずつ計算していった。しかし、単に情報を集めただけではない。それらを詳細に確認し、後にカーティスが述べているように、我々が手に入れた指標表の多くは、間違いを含んでいた。エラーを訂正し、新しく細部を詰め、一九八五年に最終的に出版した。彼らの指標表は世界でもっとも洗練されたものであると誇りを持って断言できる。

指標表を確認するにはいくつかの方法がある。たとえば、二列をあわせてひとつの数字を作り出す方法がある。指標表が大きい場合少し時間はかかるが、最終的には0となるものであり、もしそうならなければどこかに間違いがある。これらの大きな指標表を計算するのには特別な才能がいる。そして、彼らは特別優れた才能を持ったリチャード・パーカーをメンバーに入れた。

メンバーは最初四人であったが、五人目が加わった。名前はロバート・ウィルソンである。彼は例外的な単純群の部分群を調べるのが得意だった。ある部分群は他の部分群に含まれているので、より大きな部分群に含まれていない部分群を見つけるのが彼の目標であった。それで、コンウェイは彼に〝極大部分群〟君とあだ名を付けていた。

アトラスの著者たちの名前には奇妙な一致がある。彼らの名前を英語で表記すると、

J. H. C O N W A Y
R. T. C U R T I S
S. P. N O R T O N
R. A. P A R K E R
R. A. W I L S O N

どの姓もちょうど六文字であり、母音の位置は常に二番目と五番目となっている。名前の順番はアトラス計画に参加した順番だが、ちょうどアルファベット順となっているのはおもしろい。現在バーミンガム大学にいるカーティスが教えてくれたことだが、バーミンガムの電話帳に従うと、これらは珍しい名前の順に並んでいるそうだ。コンウェイは最も珍しい名前で、ウィルソンは最も多くある名前だそう

である。アトラスの参加者は、この種の言葉遊びが大好きで、もし、誰かウルジー(Wolsey)などという名前の人間がケンブリッジ大学数学科の博士課程に入学してきたら、六番目のメンバーにしてくれるだろう。ただし、当然イニシャルは二つ必要だが。

アトラス計画のようなことは数学においては普通ではなかった。関係する詳細な計算が必要だし、新しい単純群は見つかっていなかったため、長い準備期間が必要だった。結局、一九八五年にオックスフォード大学出版会から『アトラス』という名の大きな本が出版された。

一九七三年の後半、アトラス計画が初期の段階のころ、モンスターが水平線から覗きだすところだった。最初に計算しなければならないことは、どれほど大きいかということだ。フィッシャーはこの仕事をしていて、ケンブリッジを訪問した。彼は、モンスターが二つの中心化群(二つのタイプの位数2のもとで与えられている)を持っていることはわかっていた。それを使って、「トンプソンの位数公式」と呼ばれるトンプソンが編み出した手法により、モンスターの大きさは計算できそうであった。トンプソンの方法を使うには、二つの中心化群がお互いにどのように重なるかをかなり詳細に計算する必要があった。しかし、完全な情報は得られていないが、フィッシャーは大きさがある一定以下に抑えられることを示した。さらなる計算により、大きさはいくつかの数列のどれかに収まることがわかった。フィッシャーがビーレフェルトに戻ったあと、コンウェイはHP65計算機でプログラムを作り、何が最小の可能性かを調べた。彼は計算機を夜じゅう走らせ、朝方には、一つの数字を打ち出していた。彼は、この数字が正しいと推測し、すぐにフィッシャーに手紙を書いた。

「親愛なるベルント、モンスターの大きさは、多分すでに知っていると思うが、……」

フィッシャーは知らなかった。しかし、知っていた知識をあわせると、想像を超えてはいなかった。モンスターの大きさはついにわかったのである。一九七四年一月の最初の週に、フィッシャーはオーバーヴォルファッハでベアが開催していた研究集会において新しい群について話した。そして、モンスターに関する最初の発表であるレポートを『講話集』と呼ばれる皮表紙の本の中に書いた。

以下の大きさを持つ単純群があると思われる。

G_1：$2^{41}\cdot 3^{13}\cdot 5^6\cdot 7^2\cdot 11\cdot 13\cdot 17\cdot 19\cdot 23\cdot 31\cdot 47$

G_2：$2^{15}\cdot 3^{10}\cdot 5^3\cdot 7^2\cdot 13\cdot 19\cdot 31$

G_3：$2^{14}\cdot 3^6\cdot 5^6\cdot 7\cdot 11\cdot 19$

G_4：$2^{46}\cdot 3^{20}\cdot 5^9\cdot 7^6\cdot 11^2\cdot 13^3\cdot 17\cdot 19\cdot 23\cdot 29\cdot 31\cdot 41\cdot 47\cdot 59\cdot 71$

G_2、G_3、G_4の大きさはコンウェイ、原田、トンプソンによって決定された。

ここで、G_1はフィッシャーのベビーモンスターで、G_4はモンスターである。それ以外は計算のほとんどをした研究者の名前を取って、G_2は後に、トンプソン群、G_3は原田－ノートン群と呼ばれる。[3]

モンスターのサイズを決定することは、モンスター群の指標表を作成するためには必要であった。これはケンブリッジ大学の人たちではなく、バーミンガム大学で行われたが、ケンブリッジ大学の人々が精力的に貢献した。任意の指標表の最初の行は自明であり、ただ1が並んでいるだけである。ノートンとケンブリッジ大学の人々は、多分196883で始まる二行目を計算しようとしていた。この196883はモンスターのサイズを割る素数のうち、大きい方の三つの積である。確かに、二行目の最初の数はこの数より少なくないことはわかっていた。モンスターが本当に作用している空間の最小の次元は実際、196883次元である。しかし、これは数学者にとってもかなり大きい次元なのである。この数字が後にいくつもの驚くべきことを導くわけであるが、その前に、ベビーモンスターに関するフィッシャーの仕事を説明しよう。

アトラス計画がケンブリッジ大学で進んでいる時、フィッシャーは同じような見解をもった別の数学者を訪ねていた。リヴィングストンである。フィッシャーはリヴィングストンに相談するために、イギリスのバーミンガム大学を訪れたのである。リヴィングストンはアナーバーのミシガン大学に移るまでの五年間、バーミンガムで教鞭を執っていた。

リヴィングストンは数学者としてはかなり変わった経歴を持っていた。彼は一一歳になるまで両親の経済的な問題で、学校に行けなかった。家族は南アフリカに住んでいた。彼の父は第一次世界大戦後、農場で成功しようと、スコットランドの西海岸にあるマル島から引っ越してきたが、豊かな土地でなかったために、学費を負担できなかった。しかし、リヴィングストンはアフリカを大いに愛し、ズールー語をこよなく愛し、しばしば話した。

リヴィングストンはバーミンガム大学に落ち着く前に、アナーバーのミシガン大学で九年過ごした。

当時、彼は家で研究するのが普通で、とくに夜遅く研究していた。一番下の息子は、「数学って、夜にコーヒーを飲み、たばこを吸いながら何かするものと思っていました。アナーバーの夏の夜には、論文と鉛筆、それにたばこを用意して、玄関の外に座りながら、一杯の濃いコーヒーをすっていたと思って間違いありません」と話してくれたことがある。

リヴィングストンがミシガンからバーミンガムに移った時、何人かの学生を一緒に連れて行った。彼らは共同で研究するチームを作っていたのである。そして、第二期のアトラス計画においても、一緒に例外単純群を研究し、部分群を見つけたり指標表を計算した。フィッシャーは、バーミンガム大学を長期間訪問している。リヴィングストンとは数学に対する同じ価値観を持ち、気が合った。二人は、たばことコーヒーさえあれば、集中力が必要な細かい計算をするのを苦に感じず研究した。しかも二人とも結果を書くのが苦手だった。

一九七四年に、フィッシャーがベビーモンスターの指標表のことを聞くためにリヴィングストンを訪れた。この時、リヴィングストンは直接ベビーモンスターの指標表を求めることとは違う方法を考えていた。ケンブリッジ大学の数学者たちは、モンスターが多分 196883 次元の空間に作用していると考えていた。そこで、リヴィングストンは、「これを使って、モンスターの指標表を計算しよう。それから、ベビーモンスターの指標表を計算すればよい」と提案し、この巨大なプロジェクトに取りかかった。

モンスター単純群の指標表を作り出すことはとても困難な仕事で、多くの計算を必要としたため、計算機が必要だった。偶然、マイク・ソーンがグループに加わり、彼がプログラミングを行った。「彼は、プログラムを書くのが本当に上手で、必要な時にはすぐにプログラムを書いてくれました。」これは一九七四年のことで、今のような強力なコンピュータが簡単に手に入る時代ではなかった。そのため、バーミンガム大学にある大型計算機を使う必要があったのだが残念なことに、理学部のいくつかの学科が大型計算機をほぼ独占していたため、好きな時に使えるような状況ではなかったし、深夜まで待たなければならなかった。しかし、リヴィングストンは夜型だったし、フィッシャーもまた喜んでそれに付き合った。彼らは昼も働き、「一九七四年には、ちょくちょくバーミンガムに行っていました。そして勝手に六〜八週間滞在し、毎日一六時間ぐらい計算したと思います。金曜の夜以外は、いつもコンピュータを動かしていました」とフィッシャーは回顧している。

フィッシャーはこの計算を完成させる重要な技術をもたらす。モンスター単純群は、コンウェイの最大の群を三二〇〇万倍以上大きくした中心化群を持っている。この群は後でモンスター単純群の構築に関するところでも出てくるのだが、フィッシャーは、そのような群の指標表を見つける方法を考えつき実行した。この指標表は一〇〇〇以上の列と行を持っており、コンピュータで計算した。次に、モンスター単純群の指標表を計算させている計算機にその結果を入力しなくてはならない。現在なら、大学のネットワークを使って電子的に送るだけの簡単な仕事である。しかし、一九七四年ではそれはできなかった。大学ネットワークなどというものはなく、手で入力するしかなかったのだ。現代でも、ネットワークが故障している時には、同じようなことをするだろう。ディスクかメモリにコピーを取って、持っていくだろうか。しかし、当時は、テープにコピーするしかなく、これが、今から考えると信じられないほど遅いのである。彼らは全部のコピーを作るのに、五時間ほどかかった。

フィッシャーは非常に一生懸命仕事をした。バーミンガム大学にいる時には、少なくとも一日一六時間は計算に時間をかけた。それでもモンスター単純群の指標表を完成するのに一年以上かかった。フィッシャーが後で述べたように、「最初は、一八個の指標（指標表の列に対応している）まで求めました。そして、私がいない間に、四四個まで進んでいました。」そこで計算が進まなくなったため、バーミンガム大学の研究者たちはフィッシャーが来てくれるのを待った。「それで、別の理由を見つけてバーミンガムへ行き、さらに四つの指標を見つけるヒントを与えました。その後、計算は問題なく進み、さらにいくつかの指標を得ました。七〇〜八〇個ぐらい見つかった後で、残りの指標はまったく別の方法で、リヴィングストンが決定しました。」指標の総数は一九四個だった。リヴィングストンがこの指標表に関する話を研究集会でしたことを覚えている。彼は、コンピュータから出力した膨大な数字の表の列の番号として、漢字を使ったのだ。194列もあり、アルファベットではまったく文字が足りないし、x_1、x_2、…、x_{194}では味気ないと思ったのだ。

フィッシャー、リヴィングストン、ソーンの三銃士は戦いに勝ち、モンスター単純群の指標表を捕まえると、フィッシャーは再びベビーモンスターに戻った。これはある意味でモンスター単純群よりも困難な仕事だったが、モンスター単純群の指標表があるので、取り組むのは自然だった。フィッシャーは、ベビーモンスターの指標表に取り組んでいる間、さまざまな大学を訪問した。一九七六年には、ラトガーズ大学で三週間過ごしている。ヒグマン－シムス群を見つけたチャールズ・シムスはそこで研究していた。「シムスは、私にベビーモンスターをどうやって構築するか彼なりの方法を話してくれました」

とフィッシャーと語っている。アイデアは、135719550000枚の鏡の上の置換の群として計算機を使って構成することだったが、置換の群は非常に巨大だったため、コンピュータが扱えるように小さくする方法を見つけなければならなかった。「シムスは、何かもう少し情報があればそれが可能だと話してくれました。それで、彼が必要としているものを教え、大学に戻りました。」その夏、イリノイ大学シカゴ校のジェフリー・レオンは一年間ラトガーズ大学に行き、シムスと共同でベビーモンスターを置換の群として構成するためにコンピュータで計算しはじめた。これが成功し、一九七七年二月に二人の論文として投稿している。

これで、次はモンスター単純群の番となるが、困難さは桁違いだった。フィッシャーが回顧するには、「ベビーモンスターに対しては多分八〇から一〇〇ぐらいの部分群を計算する必要がありました。しかし、モンスター単純群なら、一〇〇〇は超えるでしょう。誰かが別のアイデアを持っているなら、これは使いたくない方法です」。モンスター単純群はベビーモンスターよりもはるかに多くの鏡が必要であり、正確には、97239461142009186000個である。コンピュータを使ってもこの仕事を完成させるのは不可能に思えるが、実は手の計算だとできるのである。後の章で、これがどのようになされるか見てみよう。

その前に、これまでの経過を振り返ってみることにしよう。単純群であるモンスター単純群とその二つの部分群を合わせて、例外の単純群の個数が二五個になったが、一九七五年には、ヤンコがもう一つ存在する証拠を見つけ、後にケンブリッジ大学のノートンや他の人たちによって構成された。これで、例外の総数は二六個になり、これが最終的な個数となる。

これにより、次の目標はこれ以上周期表に載っていない例外単純群は存在しないということの証明に移った。そのためすべてのメンバーが参加する大規模な会議を開催する必要が出てきたので、一九七八年の夏に、イギリスのダーラム大学で巨大な研究集会が開催された。一九七八年の夏の終わりまでに、ほとんどの専門家はこれ以上の単純群はなく、モンスター単純群が最大の例外であることがわかるだろうと感じていた。実際、彼らは正しかったのだが、信じられないような驚きが待っていた。

（1）（訳注）群に関する詳細な技術情報を与える数を正方形に配列したもので、これを使うのが指標理論。
（2）（訳注）数学では横に並んでいる一列を「行」と呼び、縦に並んでいる一列を「列」と呼んでいる。
（3）（訳注）原田群とも呼ばれる

15
巨大な神秘

数学の発見には、森に咲く春のスミレのように、人が早めたり、遅くしたりすることのできない時節というものがある。

カール・フリードリッヒ・ガウス（一七七七〜一八五五）

科学の完成間近な研究において、一つの未解決だった事実が突然、研究のすべての領域を明るく照らすことがある。すべての有限単純群の発見と分類はちょうどこれに当たった。例外の源が枯れだし、専門家たちはリストが完全であることを証明できるのは時間の問題だと感じはじめた。しかし、最大の例外の群、モンスター群はまだ存在が示されていなかった。そんな折に、不思議なことが起こった。モントリオールに住んでいたイギリスの数学者ジョン・マッカイは一九七八年一一月のある日、家でゆっくりと座りながら論文を読んでいた。マッカイはすでに12章で出てきたが、オックスフォード大学近くのアトラス研究所でリーチと一年間一緒に滞在していた時に、リーチ格子に関するコンウェイの仕事を触発した人物である。それは一〇年前の話であり、現在は別のものを研究していた。彼の興味は非常に多岐にわたっており、多方面の情報からインスピレーションを引き出していた。彼が読んでいた論文は、数を扱う数学の一分野である数論に関するものだった。

その論文は二人のイギリスの数学者、シカゴにあるイリノイ大学のオリバー・アトキンとケンブリッジ大学のピーター・スウィナートン゠ダイナー卿のもので、「j-関数」と呼ばれるものについて書かれていた。マッカイはこの神秘的な対象をよく知ろうとしていたので、少し読んでそれを特徴付けるいくつかの方法があることを知った。その一つが次の級数

$$j(q) = q^{-1} + 196884q + 21493760q^2 + 864299970q^3 + 20245856256q^4 + \cdots$$

であった。マッカイは驚愕した。この増大している係数の最初の重要な数は196884であり、モンスター群が非自明に作用する空間の最小の次元は196883である。

これらの数字は偶然にしては近すぎる。マッカイは興奮し、有限群論の偉大な指導者であるジョン・トンプソンに手紙を書いた。ポストに投函するよりは早いと思い、プリンストンを訪問中で、ちょうどモントリオールに講演に来ていたフィッシャーにその手紙を託した。トンプソンもこの時期プリンストンに来ていたのである。

もし、トンプソンでなかったら、この一致は無視され、話は終わっていたかもしれない。実際、j-関数とモンスター単純群は数学の異なる部分から出てきているものであり、単なる数の一致など意味があるとは限らない。しかし、トンプソンは物事を知識だけで決めつける人物ではなく、「j-関数の他の係数もモンスター単純群と何かしらの関係があるかもしれない」と考え、よく調べてみることにした。

最初にやるべきことはモンスターの指標表を見ることである。それは194行194列の行列(1)である。先に述べたように、指標表とは、考えている群についての多くの技術情報を与える数字を正方形に配列したも

j-関数の係数	モンスターの次数
1	1
196884	196883
21493760	21296876
864299970	842609326
20245856256	18538750076

$$196884=1+196883$$

$$21493760=1+196883+21296876$$

$$864299970=1+1+196883+196883+21296876+842609326$$

のである。各行は群が作用している高次元空間の基本成分を表し、とくに最初の数字は次元であり、「次数」と呼ばれている。モンスターの指標表の最初の次数は1と196883である。最初の1は1次元空間に自明に作用していることを表し、二番目が非自明である196883次元への作用を表している。

これらを合わせると、モンスターは196884次元の空間に作用していることがわかる。この数字が j-関数の最初の重要な係数である。トンプソンは他の数字も同じ方法で現れるのではないかと思い、それほど期待しないで次の係数を試した。

モンスターの最初のいくつかの次元(次数)は上の表の右側に記した。j-関数に出てくる係数は左側である。

単純に足すことで、驚きの事実を作り出した。モンスターの次数を足すことで、j-関数の最初のいくつかの係数を作り出せるのである。

この一致は偶然を超えている。トンプソンはより多くの確認を行い、フィッシャーも同様に行った。結果は驚くべきもので、噂はすぐに広まった。分野外のある者は異常だと考え、トンプソンが気が狂ったと思った者までいた。しかし、トンプソンはある確信を持っていた。というのは、これがモンスターにまつわる最初の奇妙な現象ではなかったのである。

一致を発見する二、三年前、アンドリュー・オッグというカリフォルニア大学バークレー校からきた別の数学者がまったく別の考察を与えていた。オッグはj-関数に関係した一九世紀に出されていた古典的な問題をちょうど解決したところだった。それは他のj-関数(後で説明する)を構成できるすべての素数を見つける問題であった。これらの素数は結局

2、3、5、7、11、13、17、19、23、29、31、41、47、59、71

であった。一九七五年の一月、パリで学期をすごしている時、多重結晶(建物)を発明したジャック・ティッツの就任講演に出席した。ティッツはコレージュ・ド・フランスでの教授職を得るために、ボンからパリに移ったところであった。彼の就任講演はモンスターが発見されてちょうど一年後であった。彼は講演の中で、その大きさを黒板に素数の積として表示した。

$$2^{46}\times3^{20}\times5^{9}\times7^{6}\times11^{2}\times13^{3}\times17\times19\times23\times29\times31\times41\times47\times59\times71$$

オッグは驚愕した。これらは、彼が最近解いた問題において重要な役割を果たしている一連の素数と完全に一致していた。彼はこの驚くべき事実をティッツに、そしてティッツの同僚であり数論のj-関数に関する『算術の一教程』(英語タイトルは"A Course in Arithmetic"、邦訳は『数論講義』彌永健一(訳)、岩波書店、一九七九)など、数学のいろいろな方面にわたる本を書いているジャン=ピエール・セールに話した。私の知り合いの若い数学者がこの本をニューヨークの地下鉄で読んでいた時、気のよい婦人が「算術の基本をもう一度勉強するなんて偉いわ」と話してくれたと言っていた。

セールは二〇世紀の数学者の最高峰の一人である。しかし、オッグの気づいたことは彼にとってまっ

たく未知なるものであり、返答は「サン　ブラッグ(冗談だろう)」というものだった。理由が何であるか、誰にも何の想像もつかなかった。オッグはこの一致を研究論文の中に書き、ジャックダニエル(ウィスキー)の一本を懸賞につけた。この問題は、ほぼ四年後、マッカイが先に述べた考察を行った時にもまったく手がつけられていなかった。

オッグの素数がどうして出てきたかを理解するためには、新しい概念が必要である。これは古代ギリシアの時代まで遡らなければならない。

紀元前三〇〇年頃、アレキサンドリアのユークリッドは『原論』を書いた。当時知られている数学を整理した叢書群である。これは非常に見事な出来栄えであり、一〇〇〇年に渡って、ギリシア語からアラビア語へ翻訳され、さらに三〇〇年後にはアラビア語からラテン語に翻訳されている。ヨーロッパのルネサンスにおいては、ギリシア語の本が発見され、直接ラテン語に翻訳され、後にヨーロッパのすべての国の言語に訳されている。学校で幾何を学ぶことは、しばしばユークリッドを学ぶことだと理解されたのである。彼の説明はすばらしかった。彼は公理の集まりを述べることから出発し、定理を証明した。紀元前三〇〇年に正しかったように、今日においても正しい考察である。

平面における幾何の公理は、通常五つからなっている。しかし、ここで述べたいのは、平行線に関する五番目の公理である。「もし、直線LとLに乗っていない点pを持ってくると、点pを通り、両方向に伸ばしてもLと交わらない直線がただひとつ存在する」というものである。このような二直線は、「平行」と呼ばれている。

後の数学者である中東やヨーロッパの数学者はユークリッドの五番目の公理は必要なく、他の四公理から出てくるだろうと考え、それを証明しようとした。ある証明はかなり洗練されていたが、すべて間違いであった。偶然、ユークリッドの五番目の公理が他の四公理からは出てこないことが示された。非ユークリッド平面が存在したのである。これはハンガリーの数学者ヤーノシュ・ボーヤイとロシアの数学者ニコライ・ロバチェフスキーによって一八二〇年代に別々に示されたのである。非ユークリッド平面は他の四つの公理を満たしているが、三角形の内角の和が180度より小さいのである。三角形を大きくすると、内角の和が小さくなる。頂点が無限に遠ざかれば、内角の和がゼロに近づくのである。

ヤーノシュ・ボーヤイの父親ファルカシュ・ボーヤイも平行線の問題に挑戦していた一人であった。自分の息子が同じ興味を持った時に、次のような手紙を送って警告した。

平行問題には関わらないほうがよい。この問題は決して解けないと思う。私は、この問題のために、果てしない夜を迎え、私の人生の喜びや輝きをすべて失った。頼むから、平行問題に手出しをしないでくれ。

しかし、ヤーノシュはやり通し、一八二三年に彼の父親に成功に向かっていると告げている。「突然、奇妙な新しい世界を構成しました。」そして、一八三一年までに、彼の父親が書いた数学の二巻の論文の付録として二四ページにまとめている。彼の父は偉大なカール・フリードリッヒ・ガウスの友人だったので、息子に対するほめ言葉を期待して誇らしげにその本を送ったが、返答はこの結果を誉めることができないと言ったら、驚くかもしれない。しかし、そうとしか言えない。それを誉めることは、自分自身を誉めることになる。事実、仕事のすべての内容、貴方の子息によって与えられた道、導いた結果、それは完全に、三〇年から三五年間、私の心を支配していた考察と一致する。私の意志は人生を通して、この結果を発表すべきではないというものであった。

ガウス自身は、すばらしい才能を持った数学者であり、彼の主張を疑うものなど誰もいなかった。若いヤーノシュ・ボーヤイはガウスの返答に落胆した。しかし、それは彼の成果や独自に行ったロバチェフスキーの結果に対する後世の評価に影響を与えなかった。ロバチェフスキーは非常に行動的な数学者であり大学人であった。大学に入学してから、牧師として最後を終えるまで、人生の大半をカザン大学で過ごした。

通常、双曲平面と呼ばれるボーヤイ－ロバチェフスキー平面はユークリッド平面ほど想像するのは容易ではない。数学者は、普通の球が正の曲率を持ち、ユークリッド平面は曲率がないのに対して、双曲平面を負の曲率を持つ球面と理解する。負の曲率を想像するのは大変だが、球面の正の曲率は簡単である。世界の地図を平面に書く時のように、中心から離れるに従って実際より大きく見えてくるため、少なくともはっきり見える。たとえば、ほとんどの世界地図では、グリーンランドはアフリカのどの国よりはるかに大きく見えるが、実際にはアルジェリア、コンゴおよびスーダンはグリーンランドより大きいのである。双曲平面では、逆のことが起きている。中心から離れれば離れるほど、実際より小さく見

図 26

えるのである。

双曲平面を図示する方法がいくつかあるが、もっともエレガントな方法は一九世紀の有名なフランスの数学者アンリ・ポアンカレの名前をつけたポアンカレモデルであろう(図26)。彼はそれを境界に近づくにつれて、距離が急激に縮小された円盤と理解した。そこでは、直線が直線として出てくるのは、円盤の中心を通る時だけである。他の直線はすべて円盤の境界に直角にぶつかる円弧として現れる。ポアンカレモデルでは直線のまっすぐさは失われるが、それらの間の角度は保たれるという利点がある。

双曲平面を使って、オッグの素数の話に戻ろう。彼は数論に出てくるモジュラー群と呼ばれるものを研究していた。それは、整数の対を他の対に変化させる作用からなる群である。モジュラー群は双曲平面に作用し、巻き込んで球面にする。

オッグは各素数に対応して存在するモジュラー群の部分群を探していた。これらの部分群は、全体のモジュラー群よりは緩やかに双曲面を巻き上げて、球面やそれ以外のいろいろな曲面を作り出す。それらは、裂いたり貼ったりしないで、縮めたり伸ばしたりするだけで球面やドーナツや二穴ドーナツのようなものに変形することができる表裏のある曲面である。このような縮めたり伸ばしたりする変形をしても変わらない性質を研究する数学の分野がトポロジーである。これらの曲面は「トポロジー種数」と

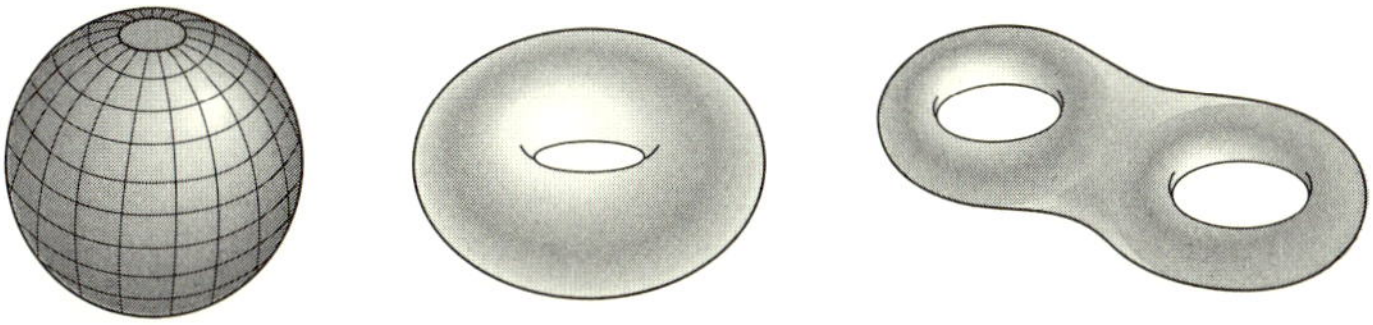

図27

呼ばれるもので区別する。球面のような曲面は種数0であり、ドーナツは種数1、二穴ドーナツは種数2……などである(図27)。

オッグはこの曲面がちょうど球面となるのは、素数が2、3、5、7、11、13、17、19、23、29、31、41、47、59、71の時だけであることを示した。これらはまさにモンスターの大きさを割る素数なのである。これはまったく説明がつかない、多分単なる偶然の一致かもしれない。

ともかく、モンスター単純群と整数論の間に奇妙な関係が二つ見つかった。一つは、j-関数で、トンプソンの計算によれば、それはモンスター単純群の指標と関係しているように見え、もう一つは、オッグの素数の集まりである。もちろん素数の一致は単なる偶然かもしれない。個数も多くないし、数も小さいが他にもある。たとえば、もしモンスター単純群のサイズを割る素数の中で、大きい方の三つの素数47、59、71に1を加えると、すべて12の倍数となり、これらはモンスター単純群の中で特別の役割を果たす。オッグの観察はおもしろいが、それだけを追究する価値があるとは思えない。幸運にも、モンスター単純群とj-関数の間のトンプソンによる神秘的な数字の一致はかなり多数の大きな数を含んでおり、偶然とは思えなかったし、j-関数とモジュラー群の間には優秀な数論研究家なら説明できる重要な関係があるため、オッグが気づいた一致も何か意味のあるように思われた。モジュラー群から導かれる群を利用して、双曲平面を曲面に巻き上げる時、曲面上に代数構造が得られる。曲面が球面である時には、この構造は一つの関数で生成される。モジュラー群の時には、j-関数によって生成されるのである。事実、モジュラー群はj-関数を生成し、同じように、オッグの特別の素数に対する部分群は、「ミニ・j-関数」と呼んでいるものを生成する。

一九七九年の初頭に、トンプソンはケンブリッジ大学に戻り、ジョン・コンウェイにモンスターの指標表の最初の列である次数をうまく組み合わせることで、j-関数の最初の六つの係数が得られることを説明し、「もし、君が他の列で試してみるなら、興味ある級数が得られると思う」と話した。コンウェイは、フィッシャー、リヴィングストン、ソーンと一緒に作り出した偉大なアトラス計画の一つであったモンスターの指標表を持っており、夢中になって計算した。彼は指標表の二番目の列の数字をトンプソンが最初の列に対してしたのと同じように加えていった。それから他の列に対しても計算し、いくつもの増大するかなり大きな数の列を得た。コンウェイが導き出した最初の数の一つが11202だった。それは覚えるのは簡単で、何か興味あるものとは無関係に思えたが、整数論に関する一九世紀の論文を参照するために図書館へ行き、この数字がそれらのある論文の中の級数に現れていることを見つけた時、彼は何かに触れているのだという確信を持った。後で書いているが、彼は「私の人生でもっとも興奮した瞬間の一つが、これらの級数のいくつかを計算した後、図書館に行き、それらのいくつかがヤコービの『楕円関数論の新たなる基礎』の中の数字と、最後の一つの数字まで一致しているのを見つけた時でした」と回顧している。

コンウェイはこれらの古い論文を読むことが得意で、「私は大学生の時に、オイラーがペテルブルグから新しいジャーナルに公表したすべての論文を読みました。一八世紀に生きたオイラーは歴史を通して、もっとも多作な数学者で、彼の証明は多くのよいアイデアを含むと同時に、非常に刺激的なものでした」と回顧している。コンウェイが言うように、「オイラーが定理を証明し、後で誰かが彼の定理を一般化し、より複雑な証明を与えています。しかし、何が実際に起こっているかを理解したかったら、オイラーに戻らなければなりません」。

サイモン・ノートンも非常に興味深い人物である。「サイモンは国中を列車で旅行していて、そのお蔭で僕の方が一、二週間早く始められたんだ。これが幸いでね、だって、彼は何でも新しいことを学ぶのがすごく早かったから」とコンウェイが話したことがある。サイモンは鉄道の熱狂的ファンで、詳細な時刻表を常に持ち歩いている。一度、私はオーバーヴォルファッハでドイツ国内での場所の移動について彼に助言を求めたことがあるのだが、彼は即座に大きな時刻表を引き出し確認してくれた。

コンウェイとノートンは仕事を猛烈に進めていった。「それはそれは大きな仕事で、我々は六週間まるまる絶えまなく、計算しつづけました。」初期の観察が単なる偶然の一致ではなかったことを証明するのは大変な仕事で、コンウェイが述べたように、「観察は容易であり、調べた結果も興味深い。しかし、それらは、我々が最終的に行ったことから見れば小さなことにすぎません。我々が最初にこれが単なる偶然ではなかったことを示したのです」。

六週間もの間、何千もの計算を行って充実した時間を過ごした結果、トンプソンの観察を実証する物的証拠に追いついた。

その間にトンプソンは、コンウェイとノートンが見つけた新しい級数がすべての係数でミニ・j-関数と一致することを証明しようとした。そこには無限個の係数があり、トンプソンは後で説明する方法で、「ブラウアーの定理」を使用する考えを持っていた。しかし、彼は数論研究者でなかったのでこの点に関する助けを必要とした。彼はパリのセールに手紙を書いた。セールはすでにオッグから素数に関する奇妙な一致に関する話を聞いており、すぐに返事を書いて、イリノイ大学シカゴ校のオリヴァー・アトキンに手紙を書くように助言した。

アトキンは、j-関数とミニ・j-関数の専門家だった。彼はまた、かつてアトラス研究所で働いたことがあり、計算機の専門家でもあった。アトラス研究所というのは、リーチとマッカイがリーチ格子に人々の興味を引こうとしていた時に働いていた場所である。その何年も前、アトキンが若者だった頃、彼は第二次世界大戦中のイギリス暗号解読センターであるブレッチリー・パークで働いていた。やがてケンブリッジとシカゴの間を長い手紙が飛び交う前に、アトキンの群論の研究仲間であるポール・フォングとスティーヴン・スミスがすぐに巻き込まれていった。

ポール・フォングはトンプソンとファイトに着想を与えた大きな中心化群定理を書いたリチャード・ブラウアーの学生だった。一九七九年三月に、トンプソンはフォングに以下のような文で始まる手紙を送っている。

拝啓　ポール

リチャードが生きていたらと思う！　彼なら、今起こっていることを大いに楽しむだろう。とりわけ、全指標表を知る新しい状況の中で、彼の指標の特徴付けを利用する機会があったのだから。

不幸にも、リチャード・ブラウアーは二年前に亡くなっていた。彼の「指標の特徴付け」は指標表を作り出す際に大いに役に立った結果だったが、トンプソンのアイデアは、全体の指標表がすでに知られていた状況の中でそれを使用することだった。ポイントは、コンウェイとノートンが各列の成分を加えた結果を得ており、どの列も同じ方法で扱っていたことである。これは行全体を一括して加えることである。たとえば、各級数における一つの係数は列の中の最初の三つの成分を加えることで得られる。それらをすべて行うということは、最初の三行を加えるということを意味している。行は一つの指標それ自体であり、ブラウアーの定理が使える。トンプソンはブラウアーの指標の特徴付けとアトキンの *j*-関数についての知識を使って、全体の問題を有限回の計算で解ける問題に変形し、その計算をアトキンがコンピュータを使って行った。これにより、コンウェイとノートンが作り出したすべての級数が、指標表の別の列を使うことで、モンスター群の指標の和となっていることを証明した。

　トンプソンは彼の最近の結果を二、三編の短い論文として書き、ジョン・コンウェイとサイモン・ノートンは「奇怪なムーンシャイン」というタイトルのより拡張した論文を書いた。それはモンスター単純群の指標表中のすべての列を扱っており、彼らが考案した「反復公式」を使って、一つのものから他のものがどのように対応しているかを示した。これはモンスター群と数論との明瞭な関係を実証する一つの詳細で技術的な結果であった。

ムーンシャインという用語は、モンスターと同様にコンウェイによって示唆されたもので、さまざまな意味を持っている。愚かで素朴な考えや気分を表すとともに、不法の蒸留酒(とくに、アメリカの禁酒法時代のコーンウィスキー)も指している。また、そのままにしておくべきかもしれない神秘のものに首をつっ込んだというニュアンスとともに、反射光によって光る何かがあるという有用な含蓄も持っている。真実の光源はおそらくまだ見つかっていないが、後にさらに奇妙な関係が出てくることになる。

一方、他のすべての群論研究者はこれを間接的に聞いていた。そして次の大きな会議が開かれる時期がきていた。前回は一九七八年の夏にダラム大学で開催され、一九七九年の今回はサンタクルーズのカリフォルニア大学のキャンパスに群論研究者が集まった。この研究集会は数論研究者と群論研究者がともに集まるという、普通とは違う研究集会だった。論点はモンスター単純群とj-関数の間の奇妙な関係について議論することだった。しかし、この関係の根本的な理由は捉えがたいままだった。このことについては後でまた触れることにしよう。一方、一九七〇年代の終わり頃には、モンスター群の存在は未解決で、誰もまだそれを構築していなかった。その問題に目を向けることにしよう。

(1)　(訳注)行列とは数学用語で、数学が長方形に並んでいるものをいう。この場合は、一辺に194個の数字が並んだ正方形である。

16 構成

すべてのものはできうる限り単純にできているが、これ以上、単純にできないわけではない。

アルベルト・アインシュタイン

一九七七年の初頭に、シムスとレオンは計算機を使ってベビーモンスターを置換群として構成することに成功した。モンスター群の構成に同じような方法が使えるのではと考えるのは自然だが、以前に述べたようにこれはまったく無謀な話であり、別の方法が必要だった。というのは、この方法だと、高次元空間を使うのだが、この次元が膨大なのである。同様の方法が他の例外群、たとえば、ヤンコの最初の群J_1に対しても適用されている。この場合、J_1は7次元が必要だったのだが、モンスターに同様の方法を利用するには20万次元近くのものが必要なのである。これはモンスターの一つの要素を表示するのに、ほぼ20万の行と20万の列を持つ行列[1]が必要ということを意味する。J_1と同様に二つの行列を使って、いろいろな組み合わせを考える方法があるかもしれないが、フィッシャーが最初モンスター群を調べた時、一つの行列の積を計算するのにコンピュータで半年ぐらいかかると感じたようである。現代の並列処理を備えた計算機ならはるかに迅速だろうが、それでも何日かはかかる。そして、それでやっと二つの行列の一つの積ができただけなのだ。それゆえ、数学者がモンスター群の構成は時間を浪費するだけだと考えたとしても仕方がないことである。

一九七〇年代の終りまでに、いろいろな技術的な情報は計算されてきたが、存在はまだ知られていなかった。それらの日々をふり返って、「あの時は、私も実際の話、構成は不可能か、多分非現実的なものだと考えていました」とコンウェイは回顧している。突然、一九八〇年一月一四日に、アナーバーにあるミシガン大学のボブ・グライスが構成を発表した。「グライスからの手紙を受け取った時、どうやって構成したのか想像がつきませんでした」とコンウェイは述べている。「我々は、普通の方法でやるのはあまりに無謀すぎると考えていたので、まったく新しい方法を使ったに違いないと思ったのです。」

ボブ・グライスは、モンスターの存在を追究した最初の人たちの一人だった。一九七三年の一一月に戻ろう。彼はフィッシャーのベビーモンスターの講演を聴いており、そこに何かあるに違いないと考え、計算した。フィッシャーも同じように感じており、リヴィングストンとの共同研究で、196883次元の作用があると仮定して、モンスター単純群の指標表を完成させていた。その後、ケンブリッジ大学のサイモン・ノートンは、この指標表からモンスターは196884次元空間の中に代数構造を持つことを示した。この代数構造というのは、任意の2点に対して、三番目の点を与える「かけ算」を持つということである。

グライスが最初に行ったのは、この適切な「かけ算」を構成することだった。つまり、すべての2点p、qに対して、かけ算の値である一つの点を決めることである。この値をrで表すことにする。これは大変な仕事である。いろいろな情報からかけ算の値を決めていくわけだが、rでも$-r$でもよいことが多く、どちらがよいかわからないことが多いのである。

グライスは何度もこの問題を考えていた。一九七九年の夏にも、もう一度考えてみようと決心し、「私はその問題を解きほぐそうとしました。そして、だんだんこのプラス、マイナスの問題は群として扱う方がいいと理解してきたのです」。グライスがここで述べている群というのは、モンスター群の大きな部分群で、その大きさは、コンウェイの最大の(ほとんど)単純な群に三二〇〇万以上の数をかけたものである。この群はモンスター群の二つある中心化群の一つであり、それを空間に作用する群として表すのに96308次元の空間が必要であった(もう一つの中心化群はベビーモンスターを含むものである)。以前、フィッシャーはこの群をモンスターの指標表を作るために使った。今回は、グライスが196884次元の中にモンスターを構成するために使ったのである。彼は、この巨大な部分群の作用が大きな次元の空間を次のような三つの部分空間の和に分解することを知っていた。

$$98304+300+98280 = 196884$$

最初の数は98304＝4096×24で4096は2を12回かけたものである。これは先に述べた中心化群を作る時に使った数字である。

二番目の数は300＝24＋23＋22＋…＋3＋2＋1で、これは24の三角形配列、すなわち、最初が24、次に23、次に22…と順番に並んで三角形をつくった時の合計数300である。これらの個数の軸は他の位置にある軸とは無関係に変化することができるので、300変数、あるいは幾何的な言い方をすれば300の自由度を持っていることになる。

三番目の数は98280で、196560の半分である。196560はリーチ格子から出てくる。ここでは、一つの点に隣接した点が一九六五六〇個あり、最初の点を中心にして向かい合って存在しており、それゆえ、向かい合った対の数は半分の九八二八〇組になる。向かい合った各対と中心点を通る直線が九八二八〇本決まる。それらを196884次元の空間において互いに独立な軸と考えるのである。

一九七九年の夏に、グライスは積を決める正負の問題を解決しようとした。しかし、これができたとしても、その対称群がモンスターを含んでいることを示すことができなければならない。現在、彼が知っている実際の群は中心化群に出てきている群だけである。コンウェイもリーチ格子に関して、同じような問題を考えていた。この場合には、与えられた頂点に隣接した頂点は三つのグループにわかれていた。そして、その各グループに対しては、内部の点を互いに置換する大きな対称群があった。しかしより大きな群を構成するには、それ以外の、すなわち、これらのグループで閉じない、置換が必要なのである。今回のグライスの場合も同様の問題が残っていた。彼の考えた空間は三つの部分空間に分かれ、これらの三つの部分空間を混ぜるような余分な対称操作を必要とした。それができたとしても全体がモンスターを生成することを証明しなければならないのだが、この新しい置換を見つけることが問題の本質であることはわかっていた。

グライスは、成功するには本格的に時間をかけて取り組まなければならないということを理解していた。こんな問題は、一日に二、三時間程度かけていても解けるものではない。それに、多分、もっと解けそうな問題もたくさんある。グライスが自分自身に言い聞かせたように、「一九七九年の夏に、ムーンシャイン問題[2]だけに取り組みだしました。私は、すでにそれにかなりの時間をかけていましたが、もう一度、正負の問題を考えたのです。秋がきて、一学期の間プリンストンの研究所へ行き、モンスター群の構成を進める決心をし、中毒のように取り組んだのです。」

グライスは一九七九年の六月に結婚している。サンタクルーズの大きな研究集会があったすぐ後である。新しい環境になったことで明らかにグライスは鼓舞された。「私は新婚だったが、それにもかかわらず、妻は非常に理解してくれました。一〇月に、私は昼も夜も研究を続けました。感謝祭に半日、クリスマスに一日休んだだけでした。」

グライスは相互に関係している二つの問題に取り組んでいた。代数構造に対する正負を決める問題と未知の対称操作を作ることである。「私は、両方を同時に解決しようとしました。」彼は最初に代数に対する正負を決める問題を解決した。しかし、未知の対称操作を見つける問題は、正負を決める問題を含んでおり、とらえどころのない問題だった。これはわくわくすると同時に疲れる仕事だった。「一二月中旬までに、ほとんど決着することが見えてきていましたが、個々を完全に確認するのは、長く精神的に退屈な仕事だったので、新年がすぎるまで確信を持てませんでした。」一月の中頃になって、最後にゆっくりと確認した後、非公式に発表する準備をした。これが一九八〇年一月一四日のことである。詳細を書いた論文はかなり長くなり、一九八一年の六月になって投稿された。そのような重要な結果は、可能な限り早く出版させようとするのだが、外部のレフェリーによって注意深く審査されなければならない。そして、これは非常に長い論文だった。それは一九八二年に詳細な議論を含んだ一〇二ページの論文として出版された。この論文では、グライスは単純群をモンスターという名前ではなく、フィッシャーとグライスのFとGを付けた「優しい巨人(フレンドリージャイアンツ)」と呼んだが、残念ながら、この名前は採用されなかった。

モンスター群はいろいろなものと魅惑的な関係を持っていたので、二人の数学者がグライスの構成に興味を持って、没頭するようになるのに時間はかからなかった。その一人はジャック・ティッツだった。彼は正負の問題を回避する方法を見つけた。グライスが行った賢明な推測では、うまい具合に合わせなければならなかったが、それを安全な方法で置き換えることができた。ティッツはさらに多くの他の改良を見つけた。「私はグライスの構成を多少単純化しました。しかし、彼が行ったのは素晴らしい仕事でした。それはコンピュータを使わないで行われたのです。快挙としか言いようがありません。」実際、コンピュータを使わずにモンスターを構成したというのは、どのような意味においても素晴らしいことだった。結局、モンスターは中心化群を使った群の構成法を利用して発見された。このタイプの群の構成では、もう一つの場合を除いて、すべてが最終的な構成はコンピュータを利用している。もう一つの例外というは、ヤンコの群J_2で、これはマーシャル・ホールとジャック・ティッツが一〇〇個の対象物の置換の群として、手で計算して構成した。

コンウェイもグライスの構成に対して興味を持ち、詳細に理解し、そして彼自身の構成を与えた。彼は、グライスの構成を「画期的」と呼び、自分のアプローチと比較して、ティッツの簡略化に関して次のようにコメントした。

ティッツは表現をより抽象的に議論することで、正負を決める問題を明確に考察することを回避しています。また、有限群となることを非常に洗練された方法で証明しているのです。ある意味では、ティッツの改良は我々のものとはまったく方向が違っています。彼はモンスターにおける計算をできるだけ避けたいと思ったようです。それに対して、我々はその計算を読者にわかるように簡単にしたいと思っているのです。

出発点にモンスター群の同じ大きな中心化群を選んだという意味で、コンウェイの構成はグライスの構成に似ている。前に話したように、196884次元空間を中心化群が作用している三つの部分空間に分解する。グライスは、巨大な空間の点同士の積を構成し、次に三つの部分空間のうちの二つの部分空間の点を交換するような対称を見つけた。これは当然、中心化群に含まれていない。

コンウェイは、三つの部分空間を互いに交換する対称を中心に据え、最初から196884次元の同一の空間を三つ構成した。するとこの同一の空間を交換するのは簡単である。次に、各々の部分空間が他の二つの空間の別の部分空間に対応するように融合させて一つの空間を構成することで、正負の問題を回避した。この策略は、モンスター単純群の同じ形をした三つの中心化群で、全体を生成するものを構成したということである。

コンウェイの論文は『アトラス』と同じ年の一九八五年に発表された。この時点で、対称を構成するすべての有限因子、すなわち、周期以外の例外的な単純群がすべて見つかったのではないかと考えられるようになった。しかしながら、常に見当違いの質問がコンウェイになされた。コンウェイの報告に、この問題に関して誰かが質問してきて、彼が楽観主義者なのか悲観論者なのかと聞いてきたことがあると書いている。

「私は悲観論者ですが、まだ望みをもっている」と答えていました。そして、当然期待していたように、この答えが誤解されるのをみて、喜んでいました。有限単純群をすべて分類する偉大な協同作業を行った人々の間では、新しい群の発見は進展している道を邪魔するわけですから、「楽観論」とは、そのような群はもう見つからないということを意味します。私自身の見解は、単純群が美しいものであるということであり、もっと見てみたいのです。しかし、不本意ながら、もうこれ以上は見ることができないのではないかと考えるようになってきました。

コンウェイがこの報告を書く頃には、例外の単純群がこれ以上は存在しないということを証明する問題は、新しい局面を見せていた。ダニエル・ゴレンシュタインは、ラトガーズ大学の彼の同僚であるリチャード・ライオンズおよびオハイオ州立大学のロン・ソロモンと共同で、「改訂」と呼ばれる計画をはじめた。目的は、分類証明を後の研究者が容易に理解できるようにすることだった。これは、巨大な専門的知識を失わないようにしつつ、新しい世代の数学者も理解できるようにするものである。それは困難な提案だった。初期の論文の多くは内容を理解するのがものすごく難しく、改訂をするというのは、本当に勇敢な試みだった。それは現在も進行中である。

彼らがこの計画をはじめた時、マイケル・アッシュバッハーや他の人たちは、証明に欠落がないことを一つ一つ確認していった。しかし、トップクラスの専門家以外の数学者には、証明に不安を感じる人もあった。群論研究者はスピードを争っていたところもあり、見落としていることがありえた。明らかに、いくつかの不備は傲慢によるものだった。以前、群論に関係していない人に、まだ例外の群が見つかるかもしれないと言った時、彼は、「シリーズで見つけてほしいね。そう願っているよ」と強く言ったのを覚えている。

確かに、疑問点はあった。カリフォルニア大学サンタ・クルツ校のジェフ・メーソンは「準薄問題」[3]（分類計画における本質的な部分）に取り組んでおり、この方向には新しいものは何もなかったことを示したように思われた。彼の粗稿を見た人々は、約八〇〇ページのタイプ原稿は長すぎるし、出版の形態になっていないが、それでも内容は正しいと判断した。しかし、後に論点にギャップがあることが判明する。一九九五年に書いた文で、ソロモンは次のように言っている。

分類問題の文献は、常に挑戦的であり、分厚い二〇〇ページぐらいの論文ばかりです。しかしながら、一九六〇〜七五年の間に出版された論文のほとんどは、個人またはグループによって、真剣に内容を確認しながら読まれ要約されていました。しかし、一九七六〜八〇年の間に、数学的に意味のある印刷前の原稿が少なくとも三〇〇〇ページ以上出てきており、群論研究者たちの消化能力を超えてしまったのです。メーソンの準薄群のケースに関する八〇〇ページのタイプ原稿は、結局のところ発表されず、悪い評判を与えてしまいました。

メーソンも他の人々と同じことをしたにすぎない。すなわち、新しいものが出てこないような条件を考え、その条件で矛盾が出れば、既存の群しかないという証明ができ、そして次の場合に移っていく。しかしながら、いくつかの議論は正しくなく、矛盾が起こっていなかったのである。コンウェイが一九八〇年に書いたように、

かなりの数の群が、誰かが存在しないと証明した後で構成されています。たとえば、デービッド・ウェールズと私でラドヴァリス群を構成しようとした時、ある論文を何日間も吟味し、一枚の紙に要約した後でさえ、それ以上進展できない矛盾に直面しました。幸運にも、我々は群が存在すると確信していたので、最終的にその論文を無視し、我々が陥った矛盾とは関係ない別の方法で群を構成しました。別の群論研究者は後で、彼もまたラドヴァリス群が構成できなかったと話してくれました。彼は、ある部分群を含んでいると仮定すると証明できたと。実際、その部分群は含まれているのですが……。ラドヴァリス群のように別の実在する群が分類計画の途中で、存在しないと確信されて非存在が証明されているのではないかという疑念を絶えず持っています。問題は、群というのは驚くほど微妙な方法で現れており、それらを理解することを心理的にやや困難にしているということです。群というのは簡単に、いろいろなことができるのです。

ダニー・ゴレンシュタインは一九九二年に亡くなったが、ライオンズとソロモンは共同で、改訂計画を継続して研究し、二〇一〇年までに完成させる予定である。メーソンが扱った準薄群に対しては、最初、ゴレンシュタインはある部分はドイツで、一部はアメリカで行われるようなネットワークを作ろうとしたが、うまくいかず、問題は残ったままだった。

その後、一九九五年一月のサンフランシスコの年次アメリカ数学会の会合で、イリノイ大学シカゴ校のステファン・スミスとカリフォルニア工科大学のマイケル・アッシュバッハーは分類問題に関する特別分科会を組織した。暗黙の目的は準薄群を研究する何人かの熱心な若い人々を見つけることだったが、残念ながらそのような若い人は現れてはこなかった。

それで五月に再び会合を開いた。スミスが記憶しているように、「マイケルは、我々が自分たちで準薄群問題という難問に取り組むべきだと提案してきたのです。そこで我々は準備を行い、一年間の有給休暇を取ってカリフォルニア工科大学に行った一九九六年一月から、真剣に取り組み始めました」。同時に、彼らは、準薄群に関することをすべて含めた本を書く計画を立てた。彼らの本『準薄群の分類』は一〇〇〇ページを超え、二巻に分割され、二〇〇四年一一月に出版された。これで、最終的にこの問題が解決したのである。

しかし、何人かは、例外群を四つも見つけたヤンコがもう一つ見つけるのではないかと思っていた。ヤンコ自身もトンプソンに連絡を取って、まだ大きな例外群が隠れている可能性がある場所として、準薄群の可能性があると伝えた。それで、トンプソンはシカゴのスミスに電話し、問い合わせをした。しかしながら、彼らはすべての場合を調べていた。ヤンコに彼の質問を確認する手紙を書いた時、返事に、「アッシュバッハーとスミスの準薄群に関する本の本質的な部分をすべて読んだ。分類定理は完成していると確信している」と答えている。ヤンコが確信しており、およびトンプソン、アッシュバッハーや他の研究者たちが確信しているなら、我々も確信できるようにすべきだろう。分類の証明は、一握りの専門家がそれを信じた時代から時がたち、未来の数学者が理解できるように書かれる時代にきている。これが偉大な改訂計画の役割である。それは、それらすべてについてのよりよい理解を求めて、我々が努力し続けることができる基礎を形成するだろう。

しかしながら、モンスターとムーンシャインに関する大きな謎が残っている。それについては、次の章の中で続きを述べよう。

（1）（訳注）行列とは数学用語で長方形の形に数が並んだもので、この場合、一辺に20万個の数が並んだ正方形であり、数の総数は20万×20万個になる。

（2）（訳注）モンスター単純群にまつわる現象のことをコンウェイが「ムーンシャイン」と呼んだ。（プロローグ参照）

（3）（訳注）準薄群というのは互いに直交している関係にある位数2の元の数がそれほど多くない群のことである。

17

ムーンシャインとモンスター

このように、課題は、これまで誰も見ていなかったものを見ようというのではなく、みんなが見ているものについて誰も考えていなかったことを考える、ということなのである。
エルヴィン・シュレディンガー　量子論の主要な発見者の一人(一八八七〜一九六一)

モンスターと数論の結びつきである「ムーンシャイン現象」は、モンスターが最初考えられていた以上に対称群の中でもより美しく、より重要であることを意味していた。それゆえ、それを得る方法もよりエレガントであるべきであった。196884次元におけるグライスの構成は、それ自身すばらしいだけでなく、より広い構図の中に浮かび上がってくるのである。この進展を話す前に、まずどうしてモンスターが発見されたかをおさらいしてみよう。

最初の大きなステップは一九世紀の中ほどに見つかったマシュー群M_{24}である。一〇〇年経って、これは24次元のリーチ格子を生み出し、それにより、自己同型群であるコンウェイ群ドット1を導き、そして最終的にモンスターにたどりついた。対称群の列は、マシュー群M_{24}、コンウェイ群ドット1、モンスター群である。

置換群として、M_{24}は二四個の物体を置換するが、ドット1は置換としては、九八二八〇個の物体が必要である。これは24から非常に大きくなっているが、リーチ格子の頂点を通る軸の集合としてみると、24次元の中に自然に現れてくる。各々の軸は二つの正反対の位置に点を持ち、その点は、与えられた球に接触する球の中心である。これにより、中心球に2×98280、つまり一九六五六〇個の球が接触していることになる。24次元では、これより多くの球が接触することはできない。

置換はM_{24}にはよかったが、ドット1にはよいものではなかった。リーチ格子がM_{24}からドット1に誘ってくれたのである。同様に、ドット1からモンスターに誘ってくれる何かが必要である。M_{24}からドット1に移った時、点の個数が急激に増大したように、今回は次元の数が急激に増えるだろう。さらに、この真似をすることで、格子はすべての方向に無限に伸びているので、リーチ格子も我々を24点から無限の数へと誘ってくれる。コンウェイ群ドット1からモンスター単純群に移ったように、24次元空間から無限次元空間へ移るのも自然なのである。そしてそれが、ムーンシャインとの関係が現れる場所なのだ。

モンスターと*j*-関数に関するマッカイの考察に従って、コンウェイ、ノートン、トンプソンは*j*-関数の各係数がモンスターが作用する空間の次元となるべきことを示した。これらの空間をすべて集めると、無限次元空間ができあがる。コンウェイとノートンはそのような空間が小型の*j*-関数を生み出すだろうと予想した。これらが、それらの反復公式[3]とあわせて、「ムーンシャイン予想」と呼ばれるものになったのである。

j-関数の最初の重要な係数は196884であり、グライスがモンスターを構成するために作った空間の

次元と同じである。モンスターに対する無限次元空間はこの空間か、またはそれに似たものを一部分として出発するべきであろう。そして、数年後に、そのような空間が三人の共同研究者イーゴリ・フレンケル、ジェームス・レポースキー、アーン・マーモンの仕事から生まれてくるのである。それは j-関数の係数をちょうど次元とするような部分空間を持ち、しかも対称の群として、モンスター単純群を持っていた。これは一九八四年のことだった。そして、その四年後の一九八八年に、その仕事を『頂点作用素代数およびモンスター単純群』という本にして出版した。序文に次のように書いている。

この仕事は、モンスター単純群(数学で最も例外的な有限の対称群)のミステリーを解こうという我々の試みから起こったのです。モンスター単純群は、それ自身の世界を作り出します。また、ミステリーの多くは、この数学的な世界の単一性および多様性を反映します。その真実の美を明らかにしはじめていたので、モンスター単純群が存在するとわかる前から、モンスター単純群と格闘しはじめました。我々は、その問題のうちのいくつかを解決することができ、他のものを明確にしてきました。そして、ここでいくつかの新しいものを加えます。

本のタイトルにある「頂点作用素代数」はかなり新しいものである。それは「頂点代数」として、先の本の二、三年前に現れた。しかし、ほとんどの数学者はそれらを聞いたことがなかっただろう。さらに、頂点作用素の出発点は数学ではなく物理学なのである。それらは弦理論からきている。この理論は弦の相互作用を記述し、素粒子に対するモデルである。これは、モンスター群と物理学との間にある深い考察が必要な関係を示唆していた。フレンケル、レポースキー、マーモンが書いた本の序文に、「我々の主定理は、モンスター単純群の量子場理論的な構築として理解でき、また、実際に、モンスター単純群は特別の弦理論の対称群という主張で解釈できる」と書いてある。このテーマを追究する前に、どのようにしてここに到着したかを思い出そう。

モンスター単純群(例外的な単純群の中で最大のもの)は整数論との深い関係があることが示された。コンウェイはそれにムーンシャインと名前をつけた。これらの関係の一番目はj-関数との関係だった。それで、コンウェイとノートンはモンスター群の中のいろいろなタイプの作用を使って、いろいろなミニj-関数を作り出した。彼らは、モンスター単純群を対称群として持つような無限次元の空間があって、そこからj-関数やミニj-関数が出現するに違いないと予想した。数年後に、フレンケル、レポースキー、マーモンは条件の合う空間を作り、「ムーンシャイン加群」と呼んだ。その空間はj-関数を与えるが、ミニj-関数をすべて与えるかどうかははっきりしていなかった。言いかえれば、それはまだコンウェイとノートンのムーンシャイン予想を満たすとはわかっていなかったわけである。この問題を解決したのがリチャード・ボーチャーズだった。

一九八四年にムーンシャイン加群が最初に発表された時、ボーチャーズはケンブリッジの大学院生で、コンウェイの指導を受けていたので、コンウェイからモンスター単純群に関して多くのことを聞いていた。コンウェイは自分の構成を発表したり、壮大なアトラス計画も仕上げようとしていた。モンスター単純群はみんなの注目を集めていたので、ボーチャーズは、それへの新しいアプローチを提供しようと考えた。彼は特別有能な学生だった。コンウェイは、自分と二番目の妻ラリッサ(この人もまた数学者)それにリチャード・パーカーの三人がリーチ格子に関する問題に取り組んでいた時のことを覚えている。その問題はパーカーの観察から始まったものである。コンウェイはボーチャーズに説明した後、同僚たちと研究を続けていた。六週間後に、ボーチャーズは彼らがまだその問題を考えていると知って驚いた。「まだそれに取り組んでいるのですか？　しばらく前に解決しましたが……。」

問題を解決するのは感動的である。しかし、ボーチャーズは、さらにより広い理論的な設定で物事を考えるのが好きだった。博士号を取得後すぐに、頂点代数とモンスター単純群についての注目すべき論文を公表した。これがフレンケル、レポースキー、マーモンの仕事につながった。二年後の一九八八年には、後にムーンシャイン加群がコンウェイ－ノートン予想を満たすことを証明するための鍵となる、注目すべき種類のリー代数に関する論文を発表した。

リー代数というのはソフス・リーが考えたものである(5章を参照)。現在、リー群と呼ばれる連続的に作用する群はキリングとカルタンによって分類された。彼らの仕事は、リー代数という、特別上品な形を持つ代数構造を利用している。それらは、球を隙間なく空間に埋め込む結晶の構造を基礎としている。これは、リーチ格子のようなものだが、もっと単純である。これらの結晶構造や、それらの対称の群は、彼のリー群の中に埋め込まれており、リーチ格子の対称の群は同じようにモンスターの中に埋め込まれている。多分、同じ方法で、リーチ格子を使って、モンスター単純群を生み出すリー代数を作り出せるだろう。

この考えがボーチャーズに、一九八八年に発表した新しいリー代数の仲間に行き着かせる。それ以来、このリー代数の仲間は「ボーチャーズ代数」とか「ボーチャーズ－カッツ－ムーディ代数」と呼ばれている。二年後の論文では、モンスターリー代数と呼んだ特別な例を紹介している。これは、リーチ格子を興味をそそる方法で、特殊相対性理論の背後にある数学と関係させている。復習のために少し、6章の物理学の話に戻ろう。

二〇世紀の前半に、二つの大きな進展が物理学におきた。相対性理論と量子論である。アインシュタインが、一九〇五年に相対性理論についての最初の論文を発表した後、ドイツ・リトアニアの若き数学者ハーマン・ミンコフスキーは、アインシュタインの理論に対する完全な数学的背景を与える幾何を作った。ミンコフスキーの幾何において、時間と空間は4次元の時空間において結びついている。この時空間の各点は、現象を表し、座標を四つ持っている。三つは空間の位置を表し、一つは時間である。二つの点の間、言い換えると、二つの現象の間の時空距離はそれぞれ四つの座標x、y、z、tの差で表される。ここで、x、y、zは空間の座標で、tは時間の座標である。通常の3次元空間では、距離の平方は公式$x^2+y^2+z^2$で与えられるが、ミンコフスキーの幾何学においては、「時空間の距離」の平方は

$$x^2+y^2+z^2-t^2$$

となる。この公式において、光速が1となるように単位を選んでいる。重要なことは距離の式の中にマイナス記号があることで、2点の間の「時空距離」の平方和が正であったり、負であったり、0となったりすることを意味する。それが負の場合、たとえば、x、y、zが0である場合などがそうだが、2点

は光速以下の速度で移動することができる。しかし、正の場合には、それができない。

「所要時間」の平方が0より大きい場合を理解するために、誰かが一〇〇光年離れた惑星から電子メールを送っていることを想像してみよう。この電子メールが光速で配達されると、到着するのに一〇〇年かかる。したがって、今日受け取ったなら、それは一〇〇年前のメールである。返事を送ると、向こうに届くのにさらに一〇〇年かかる。だから、メッセージを送り、その返事を受け取るのに二〇〇年のギャップがあることになる。光より速く旅行することがない限り、現在ここにいるという我々の位置は、二〇〇年の時間の誤差があるので、彼らの位置とはつながらない。2点の間の時空の距離の平方は正である。

2点間、または二つの出来事の間の「時空の距離」の平方が0である時、一方が出した光を他方が受け取ることで、二つの出来事は光線によって結ばれる。光線は時間を体験しないのである。数学的には、有限のスピードで表示するが、あたかも1点から他の点に瞬時に移動するみたいなものである。光の速度では、時は止まっており、時間を戻らない限り、光速以上では移動できないことになる。

アインシュタインの特殊相対性理論は、一〇年後に彼の一般相対性理論(ここでは、重力を組み込むために時空間が歪んでいる)に道を譲る。この理論は、巨視的なレベルでは、ブラックホールという物体の質量が占領する空間に対しては大きすぎ、また巨大な曲がりが時空間の1点に集積している状態を除けば、うまく機能している。

一方、微視的なレベル(原子や分子のレベル)では、重力の力は非常に弱く、重要ではない。原子の内部構造を調べはじめた時、物理学者は重力を無視し、その代わり量子論を発達させた。原子では、質量のほとんどが小さな核に集中していることを見つけた。これは陽子と中性子と呼ばれる粒子からできている。さらなる研究で、陽子と中性子はクォークを含む内部構造を持つことがわかった。しかしながら、内部構造の研究がさらに進んで、質量が非常に小さな「粒子」に集中するようになれば、ブラックホールへと変わってしまう。高エネルギーレベルでは、量子力学と一般相対性理論はつじつまが合わないのである。しかし、一九七〇年代に、新しい理論が現れはじめた。これが弦(ひも)理論である。ここでは、粒子は時空間を移動する弦と見なしている。

物理学者は、弦理論を、量子力学と一般相対性理論とを一体化させる方法だと見ている。これは量子力学を変更するが、同時に、一般相対性理論も変わらなければならない。大きな変化は、時空間の次元を高めなければならないということである。4次元では十分ではない。次元の最小数は10なのである。余分な次元は、小さなチューブの表面のように、それら自身の上でしっかりと巻き付けられており、通常の巨視的なレベルでは認知されないと考える。弦理論は、時空間に量子構造を与えることで、相対性理論と量子論を統一する試みである。

4次元を超えるアイデアは数学者の好みに合い、この本にも頻繁に現れている。これまで次元を加えることで、3次元ユークリッド幾何学を拡張することを考えてきた。しかし、この場合は、4次元のミンコフスキーの幾何学を拡張する。ここには重要な違いがある。2点の間の距離は、それらの座標の差に依存する。ユークリッド空間では、距離の平方はこれらの座標の平方の和であった。しかし、ミンコフスキーの幾何学では、「和」の中に一つマイナス記号がある。高次元の時空間にこれを拡張することができ、マイナス記号を一つ残した空間をローレンツ空間と呼んでいる。一般相対性理論は、ミンコフスキーの幾何学の歪んだものを利用し、弦理論では、ローレンツ幾何学の歪んだものを使用した。

弦理論の次元は、10次元か26次元[4]のようだが、26は次の理由でとくに興味がそそられる。ローレンツ空間における光錐(「時空」の長さが0であるような道)は、それに直交するものとして、2次元低い通常のユークリッド空間を作り出す。これを26次元のローレンツ空間で行えば、24次元のユークリッド空間が出てきて、そこにリーチ格子が住んでいることになる。[5]

これは単なる次元の一致以上のものである。なぜなら、26次元ローレンツ空間はある重要な技術面においてそれしか存在しないという注目すべき格子を含んでいるのである。この格子の中に光錐を選ぶと、24次元のユークリッド空間における格子を一つ与える。光錐の取り方を変えることで、二四通りの格子をすべて作り出せる。それらの一つがリーチ格子である。

リーチ格子を与える光錐を見つける方法を説明する前に、おもしろい事実を紹介しよう。

$$1^2+2^2+3^2+4^2+\cdots+21^2+22^2+23^2+24^2=70^2$$

最初の二四個の平方数の合計が平方数となっている！　これは驚異的である。[6]　1より大きい数字でこれが起こるのは24だけなのだ。それ以外の数では、決して最初のn個の平方の和が平方数にはならない。

26次元のローレンツ空間に戻ろう。上で述べた例外的な格子は、次のような座標を持つ点を含んでいる。

(0, 1, 2, 3, 4, 5, 6, 7, 8, 9, 10, 11, 12, 13, 14, 15, 16, 17, 18, 19, 20, 21, 22, 23, 24, 70)

この点は、原点(座標の成分がすべて0の点)を通る光錐上にある。実際、原点からこの点までの時間距離は $0^2+1^2+2^2+3^2+4^2+\cdots+21^2+22^2+23^2+24^2-70^2=0$ となり、0である。この光錐がリーチ格子を与える。ピタゴラス派の人たちが今日いたとしたら、宇宙は本当に整数を基礎としている証拠だと思うだろう。

一九九〇年には、ボーチャーズはリーチ格子ではなく、26次元ローレンツ格子の結晶構造を使って、擬モンスターリー代数を構成した。彼はコンウェイ-ノートン予想の証明にかなり迫っていた。そして二年後の一九九二年に、「奇怪なムーンシャインおよび奇怪なリー代数」という名の論文を公表した。その論文の中で、彼はフレンケル、レポースキー、マーモンの結果を使って、新しいモンスターリー代数を構成している。そして、それを応用してムーンシャイン加群がコンウェイ-ノートンのムーンシャイン予想の条件を満たすことを証明したのである。

ボーチャーズの仕事は数理物理学に密接に関連して進んでいた。二年後に、時空間を移動する弦を量子化することで代数構造を作りだし、時空間が26次元の時だけ0ではないことを示した。もし弦理論が10次元ではなく、26次元を必要とするなら、一九八〇年代にフリーマン・ダイソンが序文の中で述べたことは先見の明があることになるだろう。モンスター群は実際、宇宙の構造に組み込まれたものになるかもしれない。

一九九八年に、ボーチャーズは、彼の研究に対して、数学の偉大な賞を受賞した。フィールズ賞である。フィールズ賞を受けるには、四〇歳未満でなければならない。そして、賞は四年ごとに開催される国際数学者会議で発表されている。一九九八年はベルリンで開催された。受賞に結びついた研究は、卓越した重鎮の数学者によって紹介される。ボーチャーズの場合には、ケンブリッジ大学出身の数理物理学者で現在はプリンストンの高等研究所の長であるピーター・ゴダードだった。ボーチャーズの研究内容を紹介する時、ゴダードは次のように言ってスピーチを終えた。

鋭い洞察、恐ろしいほどたくさんの技術および光り輝く独創性を表して、リチャード・ボーチャーズは、ある例外的な構造の美しい性質を利用して、数学と物理学の他の分野との深遠な関係を持つ偉大な力の新しい代数理論を生み出した。彼は、それらを使って、傑出した予想を証明し、数学の古典領域においても新たに深淵な結果を見つけ出した。これは、彼が構成したものから学ぶべき物事の始まりにすぎない。

フィールズ賞についてはすでに述べている。一九七〇年にジョン・トンプソンが受賞している。フィールズ賞は、ノーベル賞ほど有名ではないが、ノーベル賞より獲得するのが難しい名誉である。何人かの数学者は、数学にノーベル賞がないことを残念がっている。これは、ノーベルの奥さんがある数学者と恋愛関係を持ったせいだとよく言われるが、事実は違うようだ。その数学者はノルウェーで暮らしていたし、一方、ノーベルはノルウェーの国籍だが、パリで暮らしていた。しかも、ノーベルは独身主義者だった。一九八五年には、二人のスウェーデン人数学者、ラルス・ゴルディングとラース・ヘルマンダーはこれに関する記事を季刊のマセマティカル・インテリジェンサーに書き、そこで、「数学が単にノーベルの興味の対象ではなかった」と結論づけている。

最近、ノルウェーの政府は状況を変えようとしている。二〇〇二年には、アーベル（2章に出てきたニールス・ヘンリック・アーベル）誕生の二〇〇周年記念として、数学におけるアーベル賞を支援するための資金を確立した。それは、ノーベル賞と同じようになるように意図されており、最初の賞は二〇〇三年ジャン＝ピエール・セール（15章に簡潔に紹介した）に贈られた。

数学の主題は説明するのが難しく、バビロニア人が2次方程式を解決して以来、過去四〇〇〇年の間に膨大に変化してきたので、数学者は黙々と困難な問題に取り組んでいる。人類が存続するかぎり、それは、これからも何千年と続くだろう。そして、それでもさらなる研究を刺激する未解決問題やミステリーが続く。ムーンシャインミステリーも、ボーチャーズの証明にもかかわらず、それ自身はまだ未解決なのである！

ボーチャーズは、一〇〇以上のケースをコンウェイとノートンの反復公式を使って、ちょうど四つの場合までに簡略化し、それを証明している。これは一つの素晴らしい仕事であるが、コンウェイの言葉を借りると、「彼のしたことは、問題を大きな理論の中に組み込んだということだ。しかし、まだ概念としての説明付けが欲しい」。数学では、我々は定理を証明する。しかし、同時に、物事を理解したいと思っている。モンスター群とムーンシャインに関して、我々は理解できない事実が多数ある。

たとえば、コンウェイとノートンがムーンシャインに取り組んでいた時、私が15章で述べたように、彼らはミニ・j-関数を得るためにモンスター群の指標表の行を利用した。そこには、行が一九四個ある。しかし、基本的な理由から、あるものは同じ関数を定義する。これにより、関数の数は一七一個まで減った。しかし、コンウェイとノートンは、これらのいくつかが実際に独立なのか知りたいと思った。すなわち、他のものを加えたり引いたりして構成できないような関数が最大何個あるのかを知りたいと考えた。彼らは異なる関数の間の関係を探すことから始めて、一七一個から徐々に個数を下げることにした。そして、一七〇個を切った時、自身が「最終的にどのぐらいになるか予想しようと言った」のをコンウェイは覚えている。彼らは、多分一六三個だと期待した。その数は整数論において非常に特別の性質を持っているからである。そして、結果は期待通りだった！

この事象に理由はない。それが単なる一致なのかどうかもわからない。ただ、163の数論における特別な意味は、興味をそそる結果を持っている。たとえば、次の事実がある。

$$e^{\pi\sqrt{163}} = 262537412640768743.99999999999925\cdots$$

は整数に非常に近いのである。ここで、πは有名な円周率である。また、eはπと同じくらい有名で、自然対数と指数関数の基礎になっている。整数に非常に近いというのはそうあることではない。それはj-関数および163という数の特性を利用する。

マッカイがモンスター群とj-関数に出てくる196883と196884について彼の意見を述べた時、これらの数は一致を示唆するに十分大きいものだった。しかし、それと比較して、163は小さな数である。何かそこにあると断言するのは難しいだろう。マッカイもモンスター群におけるある鏡面対称をいろいろ動かしたものと、タイプE_8（5章参照）のリー群との間に、非常に奇妙な一致があることに気づいた。それは1〜6という小さな数字のパターンではあるが、最近の研究はそれが妄想でないことを示している。日本と台湾の数学者は、頂点代数がこの関係を説明する基礎を与えることを示した。マッカイは、さらにモンスター群に関係した弦理論の次元、すなわち26がマシューの群M_{24}（モンスター群への道の最初の一歩）の中の作用のタイプの数と同じであることを指摘している。多分、たくさんある一致の中の一つに過ぎないかもしれない。ただ、知らないだけなのかもしれない。

これらのような奇妙な関係が、数学者がモンスター群を発見できた理由ではない、ただ、一つの結果なのである。モンスター群は一八三〇年頃のガロアの研究から出発して、長いプロセスの結果明らかにされたものである。置換群の中に、「単純な」群（これ以上分解できない群）があることを最初に発見したのはガロアなのだ。一九六〇年代の初めまでは、一九世紀に見つかった五つの例外を加えた単純群の表があった。そして、一九六三年のファイト-トンプソン定理は、他のものを見つけ出し、分類することが実現可能だと感じさせ、大きな分類プロジェクトに結びついて行った。三年後には、ヤンコの新しい例外の突然の出現で、他の単純群を探そうという大きな勢いがつき、次の一〇年間で、二〇個の新しい単純群が見つかり、合計で二六個になった。ベビーモンスターと呼ばれる二番目に大きな単純群は、フィッシャーによるすばらしい探索で見つかり、ベビーモンスターから最大の例外群であるモンスター単純群が生み出されたのである。その発見に結びつく方法は、それ自身光り輝くような方法だが、モンスター群の著しい特性に対する手掛かりを与えなかった。

モンスター群と数論の間の奇妙な一致に最初のヒントが与えられたのはそのすぐ後だった。これらが弦理論との関係を導いたのである。モンスター群と整数論の間のムーンシャイン関係はより大きな理論の中に置かれている。しかし、我々は、まだ基礎物理とのこれらの深い数学的な結びつきの重要性を理解しているわけではない。我々はモンスター群を見つけた。しかし、それは謎のままなのである。その性質を十分理解することは、宇宙のまさにその構造を明確にするようなものだろう。しかし、それに関しては将来の本を待とう。

(1)(訳注)演算を持っている代数系の対称全体のなす群のことを自己同型群と呼ぶ。
(2)(訳注)正確にはリーチ格子の自己同型群はドット0で、これは単純群ではない。これを半分にしたものが単純群ドット1である。
(3)(訳注)関数を自動的に変形するための公式で、この公式を何回か繰り返し適用すると元にもどるもの。
(4)(訳注)数学的には10次元か26次元が基本だが、物理的には若干次元を加えることがある。
(5)(訳注)10次元の場合は8次元となりタイプE_8の格子が出てくる。
(6)(訳注)しかも合計として出てくる70は1を加えるとモンスター群の大きさを割る最大の素数となっている。

訳者あとがき

一般的に数学者というと、若死にしたとか、他の人に全く理解されなかったなど、孤独な研究者のイメージの話が多いと思います。この本の中にも、ガロアのような悲劇の数学者が登場します。しかし、そのほかの多くの数学者たちは、他の研究者とのコミュニケーションを通して、対称性の分類という探求を行ってきました。現代の数学の研究においても、同様のことが行われています。数学者たちを含め、すべては繋がっているという哲理が、モンスター群と呼ばれる信じられないほど大きな対称の固まりを介して、無限と有限の繋がりとして具体化されるのも、自然の神秘の一つなのです。

この本は数学の専門書ではなく、群をテーマとしてその分類に立ち向かっていった数学者たちの話です。著者のロナン氏はできるだけ本書が専門書的にならないように専門用語を使うことを避けていましたが、その雰囲気を伝える日本語がないことが多く、訳者のわがままで専門用語に戻してしまっているところがあります。訳注を補ってなるべくわかりやすくなるよう努めたつもりですが、読者の皆さんが難しいと感じられたとしたら、それについては、訳者の技量不足をお詫びします。

数学は真理を最初に見つけた者に名誉を与えます。当然、群の発見という未来永劫に残る名誉のために、多くの数学者たちが競い合いました。著者のロナン氏は、この本の話の主流となっている純群論の研究者ではなく、幾何的な要素をもった群を研究している学者です。しかし、氏は有限群の分類研究が巨大な津波のように発展している時期に、その中心となったオックスフォード大学とシカゴ大学で研究をしていました。そのため、ロナン氏はその研究の発展のすさまじさを、善きにつけ、悪しきにつけ、客観的な立場から眺めることができたのです。この本では、数学者たちによる競争によって引き起こされたさまざまな問題も数学の一面として紹介しており、翻訳をしながら私も同じ群論研究者として楽しむことができました。

単純群発見の研究は突然終わりを告げます。私はその頃、有限群に関する博士論文を書き上げていました。これ以上単純群はないという発表を聞いた時のショックはかなりのものでした。一生の研究目標と信じていたものが突如無くなったわけですから。しかし、群論との縁は切れることはありませんでした。一〇年ほど後、原田－ノートン群を発見した原田耕一郎教授からモンスター群が作用している不思議な無限次元空間の話を聞いたのです。運良くその研究には、私がそれまで勉強してきたいろいろな知識が役に立ちました。しかも、研究すればするほど、その空間が有限と無限の絶妙なバランスを持っていることを発見し、私は完全に引き込まれていきました。数学を研究する楽しみを本当に見つけたのはそれからです。

この本を通して、魅して止まないこれらの題材と、それらの一端に触れた数学者たちの大いなる探求を楽しんでいただけたら幸いです。

最後に、この本の翻訳の丁寧な校正をしていただいた岩波書店の樋口女史と吉田氏に感謝します。

平成二〇年二月四日

訳者しるす

マーク・ロナン　Mark Ronan
イリノイ大学教授．専門は，群論，群論幾何学．本人自身がかつて単純群の分類の研究に関わっていたこともあり，モンスター群に関係するおもな研究者ほとんどと知り合いである．専門は，本書9章でも触れたティッツのつくった重要な対称群を示す幾何学的構造(BN構造)，とくに建物の理論．1989年には専門書“Lectures on Buildings”(Academic Press)を出版している．

宮本雅彦
1977年，北海道大学理学研究科数学博士前期課程修了．理学博士．現在は，筑波大学数理物質科学研究科数学専攻教授．専門は，有限群論，頂点作用素代数．

宮本恭子
1981年，北星学園大学英文学科卒．現在は，東洋大付属牛久高等学校英語科非常勤講師．

シンメトリーとモンスター
——数学の美を求めて　　マーク・ロナン

2008年3月19日　第1刷発行

訳　者　宮本雅彦《みやもとまさひこ》　宮本恭子《みやもときょうこ》

発行者　山口昭男

発行所　株式会社　岩波書店
〒101-8002 東京都千代田区一ツ橋2-5-5
電話案内 03-5210-4000
http://www.iwanami.co.jp/

印刷・法令印刷　カバー・半七印刷　製本・牧製本

ISBN 978-4-00-005459-1　　Printed in Japan

索　引

用語辞典

j-関数　双曲面の各点に数を割り当てたもの．モジュラー群に密接に関係している．

ヴィットデザイン　マシュー群 M_{24} とリーチ格子の構成に使われる 24 個の文字と 759 個の 8 文字ブロックからなるもの．

行列　数字が長方形に並んでいるもの．横を行，縦を列といい，横に 3 個の数字が並んでいて，縦に 5 個数字が並んだものは 3 行 5 列というように表す．

群　群は作用のなす系と見なすことができる．各々の作用は可逆的であり，1 つの作用の後に，別の作用をしたものが同じ系の中にある作用の 1 つと同じになる．

散在型群　26 個の例外的な単純群の 1 つのこと．

自己同型群　演算を持っている代数系の対称全体のなす群のこと．

指標表　群に関する詳細な技術情報を与える．数を正方形に配列したもので，これを使うのが指標理論．

周期的な算術　これは，数 $0, 1, 2, 3, \cdots, n$ を使った計算を表す．ただし，n は 0 と同じで，n を超えると，n で割って余りを考える．専門用語は「合同式」である．

周期表　有限サイズの単純群の表で，A から G までの 7 つの無限系列を載せている．当然 26 個の例外の群は載っていない．専門用語は「リー型の群の集まり」である．

巡回群　1 つの作用から生成される群．たとえば 60 度，120 度，180 度，240 度，300 度に 0 度の 6 つの回転からなる群．

双曲面　ユークリッドの公理のうち，平行公理が成り立たない平面幾何で，三角形の内角の和が 180 度未満となるもの．

素数位数の巡回群　そのサイズが素数である巡回群．

対称変換　ある対象の形を変化させない操作．対称ともいう．

単純群　より単純な群へ分解することができない有限の群のこと.

置換　対象の集まりの順番を変える操作.

中心化群　位数2の作用に関連した特別の部分群のこと. 正確には「位数2の元の中心化群」である.

中心化群問題　群をひとつ決めて, 中心化群としてそのような群をもつ単純群を決める問題である. 非常に多くの論文がある.

デザイン　通常使われている絵のようなデザインのことではない. 文字とブロックの集まりで, 良い性質を満たすものである.

反復公式　関数を自動的に変形するための公式で, この公式を何回か繰り返し適用すると元にもどるもの.

分解　これは群を単純である群の列に分解することをいう. 技術的に, これらの層は組成列を形成する. また, 専門用語も「分解」である.

ミニj-関数　j-関数のようなもの. ただし, モジュラー群から導かれる群と関係している. 専門用語は「ハウプトモジュール」である.

ムーンシャイン　モンスター単純群にまつわる現象のこと. コンウェイによる命名.

モジュラー群　双曲面に対する対称の群の部分群で, 実数成分ではなく, 整数成分だけを考えて得られるものである.

リーチ格子　24次元空間で, 球体による最もきつい詰め込みを与える格子.

リー群　作用が連続的に変化することができる群.

付録1　ヴィットのデザイン

マシュー群 M_{24} は，24個の文字の上に置換として作用しており，どんな5個の列も任意の他の5個の列に動かす置換があるという性質を持っている．偶置換をすべて含むという状況を除けば，このような性質を持つ群は，この群とマシュー群 M_{12} しかない．1934～35年に，エルンスト・ヴィットは，M_{24} が対称の群となるような24個の文字からなる注目すべきデザインを構成した．ヴィットのデザインは，オクタドと呼ばれる8個の文字からなる部分集合の集まりであり，任意の5個の文字を選ぶと，それを含むオクタドがちょうど1個あるという性質を持っている．オクタドの個数は759個である．それを証明してみよう．

最初に5個の文字からなる列の個数を数えてみる．24個の文字から選んでいるので，最初の文字は24通り，2番目の文字は23通り，3番目は22通り，4番目は21通りで最後は20通りあり，合計は

$$24\times23\times22\times21\times20$$

通りとなる．

同じものを別の方法で数えてみよう．1つのオクタド(8文字集合)に含まれる5個の文字からなる列の個数を数えると，$8\times7\times6\times5\times4$ である．5個の文字の列はちょうど1つのオクタドに含まれているので，N をオクタドの個数とすると，全体の5個の文字の列は，$N\times8\times7\times6\times5\times4$ である．したがって，$N\times8\times7\times6\times5\times4=24\times23\times22\times21\times20$ であり，

$$N=\frac{24\times23\times22\times21\times20}{8\times7\times6\times5\times4}=759$$

を得る．

付録 2　リーチ格子

リーチ格子は，24 次元空間を同じ大きさの球体を使って充塡する時に，最もきつい格子の埋め込みを与える．格子の点を中心に半径 1 の球を配置すると，それぞれ 196560 個の他の球体に接触している．この数は，24 次元で可能な最大の数である．

リーチ格子は，ヴィットのデザインの 24 個の文字によって番号付けられた 24 次元の座標を利用して表示することができる．原点を中心とする球を 1 つ固定してみる．座標で表示すれば，成分はすべて 0 である点である．196560 個の隣接している球の中心は，3 つのグループに分かれ，サイズは 97152＋1104＋98304＝196560 となっている．

サイズ 97152 の部分集合

この数は 128×759 である．ヴィットのデザイン(付録 1 を参照)には 759 個のオクタドがあり，各オクタドに 2^8 の半分である 128 の文字が入っている．この部分集合に入っている各文字の座標は 1 つのオクタドの位置(8 ヶ所)では ±2 であり，それ以外の座標はすべて 0 である．また，マイナス記号の数は偶数である．

サイズ 1104 の部分集合

この数は 4×276 である．24 から 2 つの座標を選ぶ 276 通りの方法がある．これらの 2 つの座標の各々は±4 であり，他の 22 個の座標は 0 である．

サイズ 98304 の部分集合

この数は 4096×24 である．4096 は 2 を 12 回かけた数である．座標成分は 1 ヶ所だけ ±3 で，それ以外はすべて ±1 である．ヴィットのデザインが 4096 通りの ± を決める方法を与える．原点からの点の距離は，それを 2 乗すると，各成分の 2 乗の和となっている．

これはピタゴラスの定理の高次元版である．196560 点の座標の 2 乗の

和はすべて同じで，最初の部分集合の中で，

$$2\times2+2\times2+2\times2+2\times2+2\times2+2\times2+2\times2+2\times2=32$$

2 番目の部分集合の中で，

$$4\times4+4\times4=32$$

3 番目の部分集合の中で，

$$3\times3+1\times1+\cdots+1\times1=32$$

となっており，これら 196560 点がすべて原点から等しい距離の位置にあることがわかる．

付録 3　26 個の例外単純群

ここに，26 の例外的な単純群の表がある．いわゆる散在的な群である．

この表から，いくつかの群が他の群の部分群になっていないことがすぐにわかる．というのは，ラグランジュの定理より，部分群のサイズはそれ

名前	記号	大きさ
マシュー群	M_{11}	7920
	M_{12}	95040
	M_{22}	443520
	M_{23}	10200960
	M_{24}	244823040
ヤンコ群	J_1	175560
	J_2	604800
	J_3	50232960
	J_4	86775571046077562880
ヒグマン-シムス	HS	44352000
マクラハラン	Mc	898128000
ヘルド	He	4030387200
鈴木	Suz	448345497600
ラドヴァリス	Ru	145926144000
オナン	ON	460815505920
ライオンズ	Ly	51765179004000000
コンウェイ群	Co_1	4157776806543360000
	Co_2	42305421312000
	Co_3	495766656000
フィッシャー群	Fi_{22}	64561751654400
	Fi_{23}	4089470473293004800
	Fi_{24}	1255205709190661721292800
原田-ノートン	HN	273030912000000
トンプソン	Th	90745943887872000
ベビーモンスター	B	4154781481226426191177580544000000
モンスター	M	808017424794512875886459904961710757 005754368000000000

を含む大きな群のサイズを割らなければならない．素数の積でサイズを表示すると，簡単にチェックできる．たとえば，M_{12} のサイズは 27 の倍数だが，M_{22} のサイズは 27 の倍数ではないので，M_{12} は決して M_{22} の部分群にはならない．同様の議論で，ライオンズの群もヤンコの 4 番目の群 J_4 もサイズが 37 で割り切れるが，モンスター単純群のサイズは 37 で割

素因数分解
$2^4 \cdot 3^2 \cdot 5 \cdot 11$
$2^6 \cdot 3^3 \cdot 5 \cdot 11$
$2^7 \cdot 3^2 \cdot 5 \cdot 7 \cdot 11$
$2^7 \cdot 3^2 \cdot 5 \cdot 7 \cdot 11 \cdot 23$
$2^{10} \cdot 3^3 \cdot 5 \cdot 7 \cdot 11 \cdot 23$
$2^3 \cdot 3 \cdot 5 \cdot 7 \cdot 11 \cdot 19$
$2^7 \cdot 3^3 \cdot 5^2 \cdot 7$
$2^7 \cdot 3^5 \cdot 5 \cdot 17 \cdot 19$
$2^{21} \cdot 3^3 \cdot 5 \cdot 7 \cdot 11^3 \cdot 23 \cdot 29 \cdot 31 \cdot 37 \cdot 43$
$2^9 \cdot 3^2 \cdot 5^3 \cdot 7 \cdot 11$
$2^7 \cdot 3^6 \cdot 5^3 \cdot 7 \cdot 11$
$2^{10} \cdot 3^3 \cdot 5^2 \cdot 7^3 \cdot 17$
$2^{13} \cdot 3^7 \cdot 5^2 \cdot 7 \cdot 11 \cdot 13$
$2^{14} \cdot 3^3 \cdot 5^3 \cdot 7 \cdot 13 \cdot 29$
$2^9 \cdot 3^4 \cdot 5 \cdot 7^3 \cdot 11 \cdot 19 \cdot 31$
$2^8 \cdot 3^7 \cdot 5^6 \cdot 7 \cdot 11 \cdot 31 \cdot 37 \cdot 67$
$2^{21} \cdot 3^9 \cdot 5^4 \cdot 7^2 \cdot 11 \cdot 13 \cdot 23$
$2^{18} \cdot 3^6 \cdot 5^3 \cdot 7 \cdot 11 \cdot 23$
$2^{10} \cdot 3^7 \cdot 5^3 \cdot 7 \cdot 11 \cdot 23$
$2^{17} \cdot 3^9 \cdot 5^2 \cdot 7 \cdot 11 \cdot 13$
$2^{18} \cdot 3^{13} \cdot 5^2 \cdot 7 \cdot 11 \cdot 13 \cdot 17 \cdot 23$
$2^{21} \cdot 3^{16} \cdot 5^2 \cdot 7^3 \cdot 11 \cdot 13 \cdot 23 \cdot 29$
$2^{14} \cdot 3^6 \cdot 5^6 \cdot 7 \cdot 11 \cdot 19$
$2^{15} \cdot 3^{10} \cdot 5^3 \cdot 7^2 \cdot 13 \cdot 19 \cdot 31$
$2^{41} \cdot 3^{13} \cdot 5^6 \cdot 7^2 \cdot 11 \cdot 13 \cdot 17 \cdot 19 \cdot 23 \cdot 31 \cdot 47$
$2^{46} \cdot 3^{20} \cdot 5^9 \cdot 7^6 \cdot 11^2 \cdot 13^3 \cdot 17 \cdot 19 \cdot 23 \cdot 29 \cdot 31 \cdot 41 \cdot 47 \cdot 59 \cdot 71$

り切れないので，それらは，モンスター単純群の部分群ではない．

より技術的な議論をすれば，J_1，J_3，Ru，ON がモンスター単純群に含まれないことがわかる．これらの 26 個の例外群がどのような包含関係を持つかを次の図に示した．

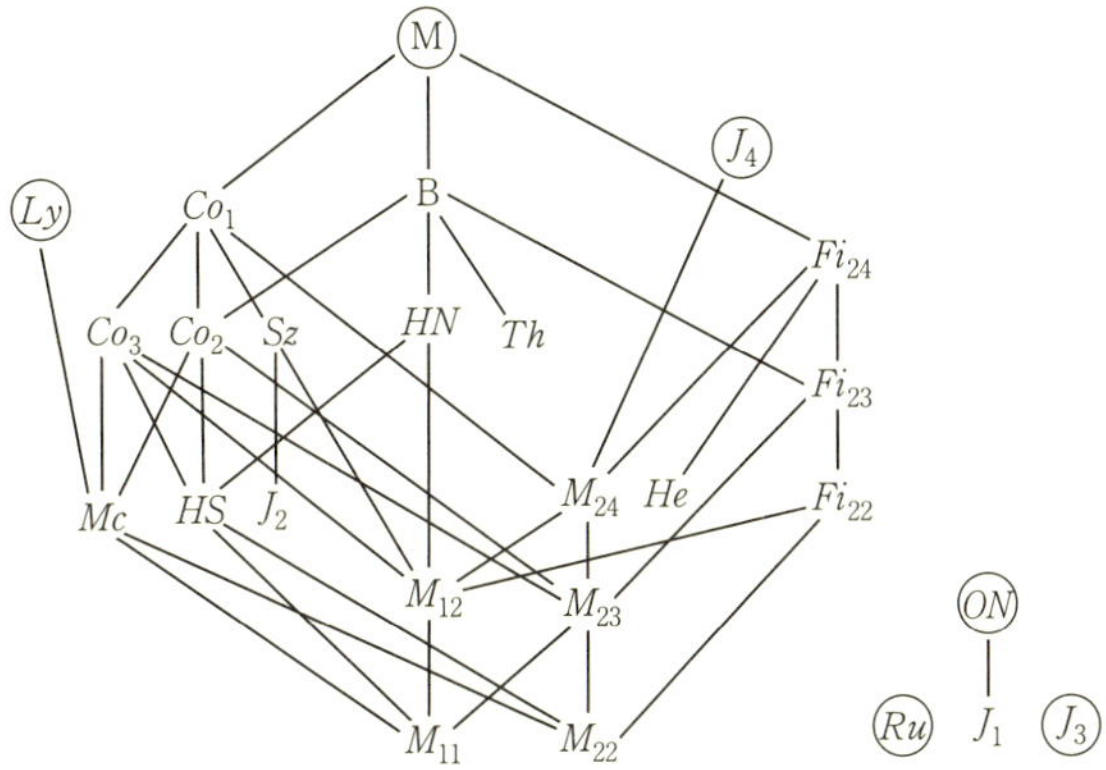

線が，例外的な単純群の他の単純群への包含関係を意味している．円はそれより大きなものに含まれていないことを意味している．モンスター単純群は，J_4，Ly，ON，Ru，J_1，J_3 の 6 つを除く，他のすべての例外群を含んでいる[(1)]．

(1)　(訳注) 部分群としてという意味ではなく，部分群を分解すると出てくるという意味である．